河南水土保持科普读本

河南省水利厅 编

黄河水利出版社

·郑州·

图书在版编目（CIP）数据

河南水土保持科普读本 / 河南省水利厅编 . —郑州：
黄河水利出版社，2020.3
ISBN 978-7-5509-2608-0

Ⅰ.①河⋯　Ⅱ.①河⋯　Ⅲ.①水土保持—河南—普及
读物 Ⅳ.① S157-49

中国版本图书馆 CIP 数据核字 (2020) 第 037277 号

出 版 社：黄河水利出版社	网址：www.yrcp.com
地址:河南省郑州市顺河路黄委会综合楼 14 层	邮政编码：450003

发行单位：黄河水利出版社
　　　　发行部电话:0371-66026940、66020550、66028024、66022620(传真)
　　　　E-mail:hhslcbs@ 126 com
承印单位：河南瑞之光印刷股份有限公司
开本：787 mm×1 092 mm　1/16
印张：7.75
字数：154 千字　　　　　　　　　　　印数：1—3 500
版次：2020 年 3 月第 1 版　　　　　　印次：2020 年 3 月第 1 次印刷

定价：40.00 元

《河南水土保持科普读本》编委会

主　　编　　武建新

副主编　　李建顺　石海波　李西民　李鹏云　王福岭

编　　审　　田光明　谢海忠　李艳霞　孙俊青　刘占欣

编　　写　　周颖璞　徐建昭　范彦淳　程焕玲　吴　鹏

　　　　　　李泮营　靳春香　孙占锋　李杨杨　张景云

　　　　　　李君宇　李　龙　卢金阁　田进宽

■序■

  河南省国土面积 16.7 万平方公里，地跨长江、淮河、黄河、海河四大流域，地势西高东低，山区到平原过渡带短，特殊的气候条件和复杂的地貌类型，造成自然灾害频发，加之人口密集，生产活动频繁，加剧了水土流失。新中国成立以来，在党和政府的领导下，河南省在试验、试点的基础上，开展了大规模的水土流失治理。党的十一届三中全会后，家庭联产承包责任制在农村普遍实行，促进了户包治理小流域的迅速发展，调动了千家万户治理水土流失的积极性。1991 年，《中华人民共和国水土保持法》颁布实施后，河南省以水土保持监督管理为突破口，推动全省水土保持工作走上依法防治的轨道。进入 21 世纪以来，特别是党的十八大以来，河南省水保工作在省委、省政府的领导下，积极践行生态文明建设新要求，认真贯彻习近平总书记提出的"节水优先、空间均衡、系统治理、两手发力"治水新思路，从"蓄水保土"到"生态文明"，加大水土流失治理力度，强化水土保持监督管理，扎实推进监测网络和信息化建设，持续开展水土保持宣传教育，不断提升水土保持工作水平。截至 2018 年底，全省累计治理水土流失面积 4.03 万平方公里，综合治理程度达 66.5%，跑水跑土跑肥的坡耕地变成了保水保土保肥的水平田，昔日水土流失严重的荒山秃岭、不毛之地，如今青山满目、花果满园，濯濯童山披绿装，条条清溪美家园。

  生态兴则文明兴，生态衰则文明衰。党的十八大以来，国家把生态文明建设作为统筹推进"五位一体"总体布局和协调推进"四个全面"战略布局的重要内容。建设生态文明，是关系人民福祉、关乎民族未来的长远大计，是实现中华民族伟大复兴中国梦的重要内容。水土保持是生态文明建设的重要组成部分，是生态文明的关键性措施。河南水土保持工作，以习近平新时代中国特色社会主义思想为指导，牢固树立绿水青山就是金山银山理念，深入贯彻习近平总书记在黄河流域生态保护和高质量发展座谈会上重要讲话精神，按照水利部水土保持"监管强手段、治理补短板"的总要求，坚持山水林田湖草统筹治理，着力提升水土保持服务经济社会发展和生态文明建设的能力，加快推进水土保持生态建设高质量发展，为建设富裕文明和谐美丽河南、谱写中原更加出彩绚丽篇章，提供更多优质生态产品。

水土保持，利国利民，功在当代，利在千秋，是必须长期坚持的一项基本国策。水土保持是一项综合性、群众性、公益性很强的工作，需要各级政府的重视和支持，需要相关部门的协作和配合，需要广大群众的劳动和付出，需要全社会的参与和推动。为了深入学习贯彻习近平生态文明思想，落实水利部关于加强水土保持宣传教育工作部署和要求，持续推动水土保持进党校、进机关、进企业、进社区、进学校，认识水土流失，普及水土保持知识，宣传水土保持法律法规，了解河南水土保持工作，提高全省人民的水土保持国策意识，更好地调动全社会力量支持和参与水土保持生态建设，加快河南生态文明建设和高质量发展，河南省水利厅组织编写出版了《河南水土保持科普读本》，旨在面向河南省广大社会公众和生产建设单位普及水土保持常识及相关法律法规，进一步增强全社会的水土保持意识和水土保持法治观念，营造关心、重视和支持水土保持工作的良好社会氛围。

河南省水利厅副厅长　武建新

▪ 前 言 ▪

　　党的十八大以来，中央统筹推进"五位一体"总体布局，协调推进"四个全面"战略布局，把生态文明放在突出位置，提出了生态文明建设顶层设计，推出了加快生态文明建设的一系列举措，制定了严格的考核制度和严密的法规体系，生态文明建设进程明显加快，生态文明建设成效显著。党的十九大以来，确立习近平新时代中国特色社会主义思想为党必须长期坚持的指导思想并写入党章、载入宪法，实现了国家指导思想的与时俱进。习近平生态文明思想是习近平新时代中国特色社会主义思想的重要组成部分，加强水土保持工作，搞好水土流失防治，应自觉遵循习近平生态文明思想，按照生态文明建设新要求，顺应人民群众新期盼，以水土保持生态建设的高质量，推动经济社会高质量发展。

　　长期以来，我国劳动人民在防治水土流失、改善生态环境、发展农业生产等方面进行了丰富实践，创新了很多技术，积累了很多经验，取得了很大成效。新中国成立以来，在中国共产党的领导下，我国的水土保持工作取得了历史性成就。特别是改革开放以来，水土保持工作进入了科学发展、依法防治的新阶段。进入21世纪以来，水土保持事业蓬勃发展，取得了举世瞩目的成就。与此同时，水土保持在基础理论、科学研究、技术创新与推广等方面也取得了一大批新成果，行业管理、社会化服务水平大幅提高。水土保持是一项社会性、综合性和公益性很强的工作，需要动员全社会参与，才能取得更好的效果。为更好地宣传河南省水土保持工作，让社会了解、认识水土保持，推动社会力量参与水土流失治理，河南省水利厅组织编写了《河南水土保持科普读本》，内容包括习近平生态文明思想、水土流失知识、水土保持措施、水土保持监管、水土保持监测、水土保持法规、河南省水土保持实践等，反映了河南省水土保持所取得的重要成效。目的是为各级领导干部、社会公众，特别是生产建设单位人员提供一本通俗读物，宣传习近平生态文明思想，普及水土保持知识，了解水土流失危害，贯彻水土保持法律法规，介绍河南省水土保持发展等，形成全社会关心支持水土保持工作的良好氛围，共同抓好水土生态保护，协同推进水土流失综合治理，加快生态文明建设进程，共建良好生态环境。

《河南水土保持科普读本》编写以《中国水利百科全书 水土保持分册》、《中国水土流失防治与生态安全 总卷》（上、下）、《水土保持监督管理》、《水土保持监测》、《水土保持工程设计规范》（GB 51018—2014）、《中华人民共和国水土保持法释义》等为主要参考文献，务求权威、准确。同时，使用了一些近年来各地水土保持宣传图片，为提高读本的可读性、观赏性和阐释性发挥了很好作用，在此一并致谢！

限于知识水平、编写时间和科普经验，读本难免有疏漏和不足，敬请广大读者批评指正。

编者

▪ 目　录 ▪

第一章 水土流失

水土流失是一个古老的自然现象，在人类出现以前的漫长岁月里，仅表现为水力、风力、冻融和重力作用下产生的自然侵蚀。随着人类出现，人口不断增加、生产活动频繁以及对水土资源的开发利用强度持续加大，自然生态平衡被打破，加剧了水土侵蚀，影响了人类正常的生产生活秩序，甚至对人类的生存和发展构成了严重威胁。

第一节 水土流失类型与成因

一、水土流失概念

水土流失是指在水力、风力、重力及冻融等自然营力和人类活动作用下，水土资源和土地生产力的破坏和损失，包括土地表层侵蚀及水的损失。

二、水土流失类型

水土流失分为自然水土流失和人为水土流失。

1. 自然水土流失

通常情况下，自然水土流失简称为水土流失，是指在水力、风力、重力及冻融等自然营力作用下所产生的水土流失。根据外营力的种类，将土地表层侵蚀划分为水力侵蚀、风力侵蚀、冻融侵蚀、重力侵蚀等。

1.1 水力侵蚀

水力侵蚀是指在降水、地表径流、地下径流的作用下，土壤、土体或其他地面组成物质被破坏、侵蚀、搬运和沉积的全过程，其侵蚀形式主要包括面蚀和沟蚀。

水力侵蚀地貌

1.1.1 面蚀

面蚀是指降雨和地表径流使坡面地表土比较均匀剥蚀的一种水力侵蚀，包括溅蚀、片蚀和细沟侵蚀。

面蚀地貌

1.1.2 沟蚀

沟蚀是指坡面径流冲刷土壤或土体，并切割陆地地表形成沟道的一种水力侵蚀，又称线状侵蚀或沟状侵蚀。

1.2 风力侵蚀

风力侵蚀是指在风力作用下，土粒、沙粒脱离地表被搬运和堆积的过程。沙尘暴是风力侵蚀的一种极端表现形式。

沟蚀地貌

1.3 冻融侵蚀

冻融侵蚀是指土体和岩石经反复冻结、消融作用，发生碎裂、位移和堆积的过程。冻融侵蚀主要发生在冻土地带。

风力侵蚀地貌

1.4 重力侵蚀

重力侵蚀是指坡地土壤及其母质或基岩在重力作用下，失去平衡，发生位移和堆积的过程，包括崩塌、泻溜和滑坡等形式。重力侵蚀常见于山地、丘陵、沟谷和河谷的坡地。

1.4.1 崩塌

崩塌是指边坡上部岩体或土体在重力作用下突然向外倾倒、翻滚、坠落的现象。发生在岩体中的崩塌称为岩崩，发生在土体中的崩塌称为土崩，规模巨大山体的塌落称为山崩。崩塌主要发生在地势高差大，斜坡陡峻的高山峡谷地区，特别是河流强烈侵蚀地带。

1.4.2 滑坡

滑坡是指构成斜坡的岩体或土体在重力作用下失稳，沿着一个或几个软弱面（带）发生剪切而产生的整体向下滑移的现象。

1.4.3 崩岗

崩岗是指在水力和重力作用下,山坡体遭受破坏而崩坍和受冲刷的侵蚀现象。

1.4.4 泥石流

泥石流是指在山丘区因地表松散固体物质丰富和较陡坡降的地形条件下，遇到有利的降雨强度或其他水分补给条件，而产生巨大的冲击力和强大的搬运能力冲刷沟道，破坏和淤埋各种设施的过程。

山区泥石流

崩塌、滑坡、崩岗和泥石流是水土流失的一种极端形式，属于重力侵蚀和混合侵蚀，是重力、水力等外营力共同作用的结果，具有突发性、历时短、危害严重等特点。

2. 人为水土流失

人为水土流失是指人为活动造成的水土流失，也称人为侵蚀，是人类活动，

如开矿、修路、工程建设以及滥伐、
滥垦、滥牧、不合理耕作等，造成的
水土流失。

修建公路造成人为水土流失

三、水土流失成因

引起水土流失的原因有自然因素
和人为因素。

1. 自然因素

影响水土流失的自然因素主要有
气候、地形、地质、土壤、植被等。

1.1 气候。如降水量、降水年内分布、降雨强度、风速、气温、日照、相对湿度等。

1.2 地形。如坡度、坡长、坡面形状、海拔、相对高差、沟壑密度等。

1.3 地质。岩石的风化性、坚硬性、透水性对沟蚀的发生发展以及崩塌、滑坡、山洪、泥石流等侵蚀作用有密切关系。

1.4 土壤。土壤是侵蚀作用的主要对象，土壤的透水性、抗蚀性、抗冲性对水土流失的影响很大。

1.5 植被。植被可以有效防止水土流失，其主要功能有截留降水、涵养水源、固持水土、改良小气候条件，并在一定程度上可以防止浅层滑坡等重力侵蚀作用。植被一旦遭到破坏，水土流失就会加剧。

2. 人为因素

人类活动是水土流失发生、发展或者使水土流失得以控制的主导因素，不合理的人类活动，如滥伐森林、陡坡开荒、顺坡耕种、过度放牧、铲挖草皮等引起自然生态失衡和环境恶化，同时开矿、采石、采砂、修路、建房及其他工程建设活动等，如不采取有效的水土保持措施，也将引起新的水土流失。

第二节 水土流失分布与特征

一、全国水土流失分布

1. 全国水土流失概况

中国是世界上水土流失最为严重的国家之一。根据 2018 年全国水土流失动态监测成果，2018 年全国水力和风力侵蚀水土流失面积 273.69 万平方公里，占国土面积（不含港澳台）的 28.6%，其中水力侵蚀面积 115.09 万平方公里，占水土流失总面积的 42%；风力侵蚀面积 158.60 万平方公里，占全国水土流失面积的 58%。按侵蚀强度分，轻度、中度、强烈、极强烈、剧烈侵蚀面积分别为 168.25 万、46.99 万、21.03 万、16.74 万、20.68 万平方公里，分别占水土流失总面积的 61.47%、17.17%、7.68%、6.12%、7.56%。全国水土流失现状呈现出轻度和中度侵蚀面积大、分布广，风力侵蚀面积大于水力侵蚀面积的总体特征。

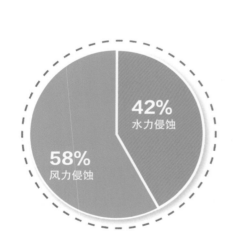

2018 年全国各类水土流失面积及占比	水土流失类型	水土流失面积（万平方公里）	水土流失面积占比
	风力侵蚀	158.60	58%
	水力侵蚀	115.09	42%

2018 年全国各级水土流失面积及占比	水土流失强度	水土流失面积（万平方公里）	各级水土流失面积占比
	轻度	168.25	61.47%
	中度	46.99	17.17%
	强烈	21.03	7.68%
	极强烈	16.74	6.12%
	剧烈	20.68	7.56%

2. 全国水土流失类型区

我国山区面积约占国土面积的 2/3，在地势上自东向西可分为 3 个大的阶梯：第一阶梯位于大兴安岭—太行山—雪峰山（湖南西部）一线以东，山地大多是海拔低于 1000 米的低山，平原、河谷海拔多低于 200 米，丘陵广泛分布；第二阶梯位于上述线以西，青藏高原以东、以北，其特点是高原广泛分布，如黄土高原、云贵高原、蒙新高原等；第三阶梯为平均海拔在 4000 米以上的青藏高原。

依据《全国水土保持规划（2015—2030 年）》，以自然界某一侵蚀外营力在某一较大区域起主导作用为划分原则，全国划分为三大水土流失类型区：

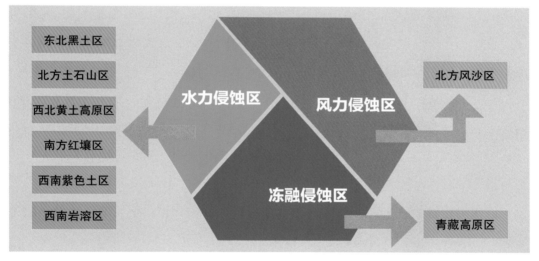

2.1 水力侵蚀区

水力侵蚀区，包括 6 个二级类型区：东北黑土区（东北低山丘陵和漫岗丘陵区）、北方土石山区（北方山地丘陵区）、西北黄土高原区、南方红壤区（南方山地丘陵区）、西南紫色土区（四川盆地及周围的山地丘陵区）和西南岩溶区（云贵高原区），有水土流失面积 120.4 万平方公里，这些地区是水土保持工作的重点区域。

水力侵蚀区 6 个二级类型区特征如下：

2.1.1 东北黑土区，即东北低山丘陵和漫岗丘陵区，包括黑龙江、吉林、辽宁和内蒙古 4 省（自治区），土地总面积约 109 万平方公里。该区是以黑色腐殖质表土为优势地面组成物质，属温带季风气候区，年降水量 300 ～ 800 毫米，植被类型以落叶针叶林、落叶针阔混交林和草原植被为主，林草覆盖率55.27%。水土流失面积25.3万平方公里，以轻中度水力侵蚀为主，间有风蚀，北部有冻融侵蚀分布，年土壤侵蚀量一般为1000～7000吨/平方公里。该区域因黑土层薄，长期不合理利用，导致一些地区黑土流失殆尽，急需加强保护。

2.1.2 北方土石山区，即北方山地丘陵区，包括河北、辽宁、山西、河南、山东、江苏、安徽、北京、天津和内蒙古等10省（自治区），土地总面积约81万平方公里。该区是以棕褐色土状物和粗骨质风化壳及裸岩为优势地面组成物质，年降水量400～800毫米，植被类型以温带落叶阔叶林、针叶混交林为主，林草覆盖率24.22%。水土流失面积19.0万平方公里，以轻中度水力侵蚀为主，部分地区有风力侵蚀，年土壤侵蚀量一般为1000～5000吨/平方公里。该区域植被覆盖差，降雨集中，土层薄，土层下又为渗透性很差的基岩，极易产生各种形式的水土流失。

2.1.3 西北黄土高原区，包括山西、陕西、甘肃、青海、内蒙古和宁夏6省（自治区），土地总面积约56万平方公里。该区以黄土及黄土状物质为优势地面组成物质，属暖温带半湿润、半干旱区，年降水量250～700毫米，植被类型主要为暖温带落叶阔叶林和森林草原，林草覆盖率45.29%。水土流失面积23.5万平方公里，以水力侵蚀为主，北部地区水力侵蚀与风力侵蚀交错，年土壤侵蚀量一般为5000～10000吨/平方公里，是全国水土流失最为严重的地区。

2.1.4 南方红壤区，即南方山地丘陵区，包括江苏、安徽、河南、湖北、浙江、江西、湖南、广西、福建、广东、海南、上海、香港、澳门和台湾等15个省（直辖市、自治区、特别行政区），土地总面积约127.6万平方公里。该区是以硅铝质红色和棕红色土状物为优势地面组成物质，属亚热带、热带湿润区，大部分地区年降水量800～2000毫米，林草覆盖率45.16%。水土流失面积16.0万平方公里，以水力侵蚀为主，局部地区崩岗发育，滨海环湖地带存在风力侵蚀，年平均土壤侵蚀量为3400吨/平方公里，虽然侵蚀强度不大，但其土层薄，水土流失相对比较严重。

2.1.5 西南紫色土区，即四川盆地及周围的山地丘陵区，包括四川、甘肃、河南、湖北、陕西、湖南和重庆7省（直辖市），土地面积约51万平方公里。该区是以紫色砂页岩风化物为优势地面组成物质，属亚热带湿润气候区，年降水量600～1400毫米，植被覆盖率57.84%。水土流失面积16.2万平方公里，以轻中度水力侵蚀为主，局部地区山地灾害频发，年土壤侵蚀量一般为1000～8000吨/平方公里，是全国水土流失比较严重的地区。

2.1.6 西南岩溶区，即云贵高原区，包括四川、贵州、云南和广西4省（自治区），土地总面积约70万平方公里。该区是以石灰岩母质及土状物为优势地面组成物质，属亚热带和热带湿润气候区，大部分地区年降水量800～1600毫米，林草覆盖率57.8%。水土流失面积20.4万平方公里，以轻中度水力侵蚀为主，局部地区存在滑坡、泥石流等地质灾害，年土壤侵蚀量一般为1000～8000吨/平方公里。该区域由于碳酸盐风化成土速率远低于土壤侵蚀速率，土层浅薄、地形破碎、土壤与母岩之间黏着力差，一遇大雨极易产生水土流失，在很多地方已经到了无土可流的状况，石漠化现象十分严重。

2.2 风力侵蚀区

风力侵蚀区，包括新疆、甘肃、河北和内蒙古等地的风沙区，土地总面积约239万平方公里，在水土保持分区中被称为北方风沙区。该区是以荒漠土为优势地面组成物质，属于温带干旱、半干旱气候区，年降水量25～350毫米，植被类型以荒漠草原、疏林草原为主，林草覆盖率31.02%。水土流失面积142.6万平方公里，以风力侵蚀为主，局部地区风蚀和水蚀并存，以轻中度侵蚀为主，土地沙化严重。

2.3 冻融侵蚀区

冻融侵蚀区，包括青藏高原、新疆、甘肃、四川、云南等地分布有现代冰川的高原、高山地区，总土地面积约219万平方公里，在水土保持分区中被称为青藏高原区。该区从东往西由温带湿润区过渡到寒带干旱区，大部分地区降水量50～800毫米；土壤类型以高山草甸土、草原土和漠土为主；植被类型以温带高寒草原、草甸和疏林灌木草原为主，林草覆盖率58.24%。在以冻融为主导侵蚀营力作用下，冻融、水力、风力侵蚀广泛分布，水蚀和风蚀总面积 31.9 万平方公里。

二、河南水土流失分布

河南省地处亚热带向暖温带和山区向平原双重过渡带，地跨长江、淮河、黄河、海河四大流域，地貌自西向东突变，山区向平原过渡带短，特殊的气候条件和复杂的地貌类型，造成水土流失分布广泛、形式多样。

从土壤侵蚀强度和侵蚀类型来说，河南省水土流失分为 6 大类型区：

1. 豫北太行山山地丘陵区。分属海河、黄河流域，位于太行山东麓，涉及安阳、焦作、鹤壁和新乡 4 个市，共 18 个县（市、区），本区域土地总面积 0.93 万平方公里，水土流失面积 1532 平方公里。

2. 豫西黄土丘陵区。分属黄河、长江流域，位于郑州至灵宝沿黄一带，涉及郑州、洛阳、三门峡、焦作和济源 5 个市，共 25 个县（市、区），土地总面积 2.78 万平方公里，水土流失面积 9025 平方公里。

3. 豫西南伏牛山山地丘陵区。分属淮河、长江流域，涉及郑州、驻马店、平顶山、洛阳、许昌和南阳 6 个市，共 24 个县（市、区），土地总面积 2.71 万平方公里，水土流失面积 5448 平方公里。

4. 豫南桐柏山大别山山地丘陵区。属淮河流域，涉及南阳、信阳 2 个市，共 9 个县（区），土地总面积 1.80 万平方公里，水土流失面积 2761 平方公里。

5. 南阳盆地区。属长江流域，涉及南阳市的 11 个县（市、区），土地总面积 1.91 万平方公里，水土流失面积 2351 平方公里。

6. 平原沙土区。分属黄河、淮河及海河流域，涉及郑州、开封、安阳、鹤壁、焦作、新乡、濮阳、许昌、商丘、周口、漯河、驻马店、信阳 13 个市的 73 个县（市、区），土地总面积 6.52 万平方公里，水土流失面积 986 平方公里，沙化土地面积

6286 平方公里。

三、河南水土流失特征

河南省水土流失以水力侵蚀为主，兼有重力侵蚀和风力侵蚀。水力侵蚀主要分为面蚀和沟蚀，重力侵蚀主要表现为滑坡和泥石流。

1. 豫北太行山山地丘陵区。该区域总体特征为石山多、坡度陡、土层薄、植被少，旱季人畜饮水困难，雨季洪水、泥沙灾害多。地貌类型以中低山和丘陵为主，海拔 1000 ~ 1500 米，山势险峻，岩石裸露，水源涵养能力较低，水土流失严重，年土壤侵蚀量 2000 ~ 3000 吨 / 平方公里。土壤类型以棕壤土、褐土为主。水土流失以水力侵蚀为主，兼有部分重力侵蚀。

2. 豫西黄土丘陵区。该区域总体特征为山区坡陡石厚、丘陵区土厚沟多，植被稀疏覆盖度低，水土流失严重。地貌类型以山地丘陵为主，主要山脉有小秦岭、崤山、熊耳山、伏牛山，全省最高的老鸦岔海拔 2413.8 米，一般的山脉海拔在 1000 ~ 2000 米之间，山峰耸峙，坡度陡峻，25° 以上的陡坡占 70%。主要土壤类型为红黏土、棕壤土、褐土，土层深厚，质地疏松，年土壤侵蚀量 3000 ~ 5000 吨 / 平方公里，最高达 8000 吨 / 平方公里以上，是河南省水土流失最为严重的区域。年降水量 520 ~ 820 毫米，降水分布不均匀。水土流失以水力侵蚀为主，兼有部分重力侵蚀。

3. 豫西南伏牛山山地丘陵区。该区域总体特征是粗骨土和沙化地分布广，植被稀少，坡耕地多，"四荒"面积大，水土流失较严重。地貌类型以低山丘陵为主，主要土壤类型为褐土、黄褐土和潮土。中山区域坡陡谷深，沟床"V"型发育，其余区域海拔较低，地势平缓，唯丘陵地貌起伏异常，大部分土壤成土母质为岩类风化残积和坡积物，质地疏松，尤其是南召一带的花岗岩、片麻岩区，具有风化强烈、抗蚀力低的特点，为本区域水土流失最严重的地方，一般年土壤侵蚀量为 2000 吨 / 平方公里左右。年降水量 700 ~ 1000 毫米，水土流失以水力侵蚀为主，兼有重力侵蚀。

4. 豫南桐柏山大别山山地丘陵区。该区域总体特征为沟道较陡、林草植被覆盖度高、水土流失较轻。地貌类型以低山丘陵为主，区域内沟道比降大，源短流急，主要土壤类型为黄棕壤土、黄褐土、水稻土和粗骨土。年均降水量700～1200毫米，茶园、板栗园等顺坡经济林地面积大，林下水土流失比较严重，一般年土壤侵蚀量为500吨/平方公里左右，水土流失面积主要分布在坡耕地、有林地和稀疏林地等区域。水土流失以水力侵蚀为主，兼有重力侵蚀。

5.南阳盆地区。该区域地貌类型以低山丘陵为主，海拔200～2212米，主要土壤类型为黄棕壤土、棕壤土。区域内人均耕地少，坡耕地面积大，土地垦殖率高，疏林面积大，水土流失严重。水土流失以水力侵蚀为主，兼有重力侵蚀。

6.平原沙土区。该区域地处黄淮海平原中部，宏观地形平坦，自西向东逐渐缓慢倾斜，地面坡降大多处于1/5000～1/6000之间，大部分地区海拔低于50米。受历史上黄河下游河道频繁决口改道、轮回冲积影响，该区原地貌被改变，使得地表沉积物性质繁杂、交错分布，河间浅平洼地、河道决口扇形地、河滩高地等相间分布或纵横交错，构成了黄泛平原特有的微地貌，并留下一系列冲积扇平原、小型冲积扇、沙丘或岗地、黄河故道。土壤类型以壤土、粉砂壤土为主。该区域多年平均降水量600～800毫米，年平均风速2.4～3.1米/秒，但冬春季节风速较大，多在3.5～5.5米/秒之间，起沙风速4.0～4.5米/秒。水力侵蚀、风力侵蚀兼有，水土流失较轻。

第三节　水土流失危害

水土流失不仅导致土地退化、毁坏耕地，制约经济社会发展，使人们失去赖以生存的基础，而且加剧江河湖库淤积和洪涝灾害，恶化生存环境，加剧贫困，威胁国家粮食安全、生态安全、防洪安全和饮水安全；不仅影响当前发展，而且影响子孙后代的生存。严重的水土流失，是生态恶化的集中反映，已成为我国生态环境最为突出的问题之一。

一、恶化生存环境，影响生态安全

"一方水土养一方人"。生态环境为人类社会可持续发展提供物质资源，是人类精神文明发展的动力源泉。水土流失破坏水土资源，植物丧失了生长的土壤母质，人类丧失了生存的物质基础。严重的水土流失导致土地退化、地形破碎、土层变薄，特别是土石山区，由于土层流失殆尽、基岩裸露，有的地方群众已无生存之地。

我国大部分地区的水土流失是由陡坡开荒、破坏植被造成的，逐渐形成了"越垦越穷、越穷越垦"的恶性循环。特别是一些地方，人口增长过快，人地矛盾突出，又加剧了这种状况，导致山丘区群众贫困程度日益加深。另外，大量的生产建设活动会大规模扰动土地，如果不加保护和治理，随意弃土、弃渣等，必然会对周边生态环境造成破坏。因此，水土流失对水土资源可持续利用构成了严重威胁，恶化生存环境、加剧贫困，严重影响生态安全。

二、破坏土地资源，影响粮食安全

水土流失造成环境破坏

土壤是人类赖以生存的物质基础，是环境的基本要素，也是农业生产的最基本资源。年复一年的水土流失，使有限的土地资源遭到破坏，农田减少，土质变差，耕地变瘦，土地生产力下降，粮食产量降低。

耕地最宝贵的是表土，而水土流失侵蚀的主要对象就是表土层。随着大量表土的损失，土壤养分和肥力下降，土壤结构遭到破坏，最终导致土地生产力大幅度下降。据调查，黑土区的土壤有机质含量已由开垦初的12%下降到2%左右。据估算，2000年前在黄土高原多年平均流失的16亿吨泥沙中，含氮、磷、钾约4000万吨；海河流域山丘区每年流失土壤中的氮、磷、钾折合成化肥达200万～400万吨。因此，水土流失严重影响着粮食安全。

三、泥沙淤积河库，影响防洪安全

水土流失掩埋农田

水土流失是洪水灾害的重要根源。大量的水土流失，一方面造成上中游地区滑坡、泥石流频繁发生，人民生命财产受到威胁，同时，水源涵养、径流调节和缓洪滞洪能力下降，洪水频次增多，洪量加大；另一方面，大量泥沙下泄不断淤积中下游的江河湖库，抬高河床，减少防洪库容，降低河道行洪能力，加剧洪水危害。2000年以前，黄河下游河道每年因泥沙淤积抬高8～10厘米，形成了有名的地上"悬河"，严重影响着下游人民生命财产的安全，成为国家的"心腹大患"。

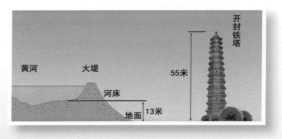

黄河下游悬河形势

水土流失不仅造成洪涝灾害频繁，而且淤积水库和湖泊，削弱工程的防洪能力。

水土流失淤积塘坝

四、加重面源污染，影响饮水安全

农田超量使用化肥和农药是产生面源污染的根源，水土流失导致面源污染扩散，造成水体污染，危及饮水安全。水土流失携带大量泥沙下泄，淤积河道、水库、湖泊，不仅影响河道行洪安全，降低湖库的综合利用功能，同时携带氮磷及化学农药等有机污染物，引起水库、湖泊等水体的富营养化。20世纪60年代，河南省山区吃水困难人数不到100万人，山区大部分沟溪流水潺潺，多有泉水溢出，1981年山区吃水困难人数增至320万人。20世纪80年代全省黄河流域每年流失的土壤约4700万吨，土壤中流失的氮、磷、钾约38万吨。由于水土流失，大量的有机质进入河流、湖泊，造成了水体富营养化，导致水环境恶化，直接影响饮水安全。

水土流失严重制约了水资源的有效开发利用，威胁供水工程安全运行，降低供水能力，影响供水安全。水土流失降低径流调控能力，对暴雨的拦截、入渗、涵蓄能力下降甚至丧失，削弱了地表对降水的再分配作用，加剧了水资源的损失。水土流失大量淤积水库，使水库的综合利用功能降低，减少了水资源利用量；水土流失使大量泥沙进入河道，减少了径流资源的可利用量，如黄河下游，为了保持河道的输水能力，每年需要200亿立方米的水来冲沙入海，使黄河的水资源可利用量大幅减少，严重影响供水安全。黄河三门峡水库由于淤积严重，被迫改变运用方式，综合利用功能大大降低。由于水量减少造成灌溉面积、发电量的损失更是难以估计。

五、降低水源涵养能力，影响水生态环境质量

水土流失降低地表涵养水源能力，由于缺乏植被和水土保持工程措施，雨水得不到涵养，地表径流无法集蓄保留，暴雨洪水不能被有效阻止或缓滞，造成有限水资源的大量流失，使可供水量减少。因此，水土流失又减少了地下水补给量，造成地下水位下降，泉水枯竭，溪水断流。

水土流失使坡耕地成为跑水、跑土、跑肥的"三跑田"，致使土地日益瘠薄，土壤透水性、持水能力下降，加剧了干旱的发展。资料表明：全国多年平均受旱面积2000万公顷，成灾面积700万公顷，成灾率35%，而且大部分在水土流失严重区，这更加剧了粮食和能源等基本生活资料的紧缺。

水土流失加剧旱灾

第二章　水土保持

　　中国是一个历史悠久的农业大国，农耕文明绵延数千年。在古代，为了保护耕地，提高粮食产量，发展生产和经济，人民群众创造了保土耕作、沟洫梯田、造林种草、打坝淤地等一系列蓄水保土的措施，因此，我国的水土保持源远流长。中华人民共和国成立后，在党和政府的关怀下，水土保持事业进入了全面发展的新时期。改革开放以来，尤其是1991年颁布实施《中华人民共和国水土保持法》以来，我国水土保持工作迈向科学治理、依法防治的轨道。进入21世纪，特别是党的十八大以来，随着生态文明建设纳入我国"五位一体"总体布局，国家对水土保持投入持续加大，全社会的水土保持意识逐渐增强，水土保持工作走向高质量发展的新阶段。

第一节 水土保持概念与作用

一、水土保持概念

水土保持是防治水土流失，保护、改良和合理利用水土资源，维护和提高土地生产力，以利于充分发挥水土资源的生态效益、经济效益和社会效益，建立良好生态环境的事业。

水土保持的对象不只是土地资源，还包括水资源。保持的内涵不只是保护，还包括改良与合理利用。不能把水土保持简单地理解为土壤保持、土壤保护，更不能将其等同于土壤侵蚀控制。水土保持是保育自然资源的主要措施。

水和土是人类赖以生存的基本物质，水土保持是山丘区发展的生命线，是国土整治、江河治理的根本，是国民经济和社会发展的基础，是我们必须长期坚持的一项基本国策。

二、水土保持作用

1. 控制水土流失，保护生态环境

水土流失使生态系统的结构和功能均遭到破坏，失去了自我调节的功能，需要采取人工措施帮助其恢复。开展水土保持的过程，就是对生态系统重建和修复的过程。对水土流失实施水土保持综合治理，可留住水土，保住资源，恢复植被，再通过封禁保护，减小干扰，逐步修复其自我调节功能，可不断使生态系统朝正

水土流失综合治理成效

向演替，最终实现生态系统的良性循环。

2.改善生产条件，促进区域经济发展

通过对坡耕地采取坡改梯、修建蓄水工程等水土保持措施，可以增加径流拦蓄能力，调节和重新分配径流，提高径流和降雨的利用率。通过治理"四荒"（荒山、荒坡、荒沟、荒滩），可增加梯田、坝地、水田等基本农田面积。通过植物措施与工程措施相结合、田间工程措施与农业耕作措施相结合、治理与开发相结合，发展优质高效农业、生态农业、观光产业，促进区域经济发展。

治理水土流失发展绿色产业

3.有效涵养水源，减轻水旱风沙灾害

水土保持措施具有良好的蓄水保土作用，可增强抗旱和水源涵养能力。坡面

小流域综合治理涵养水源

工程措施体系能有效地拦蓄暴雨径流和减少地表径流的汇集；植物措施体系能够起到固结土壤、截蓄雨水、减轻暴雨冲刷的作用，大大降低土壤侵蚀的强度；各种高标准、高质量的水土保持工程，能够层层拦蓄径流，发挥削洪缓洪的作用。坡面工程可以延长汇流时间，沟道工程节节拦蓄，可对下游水库、塘坝调洪错峰发挥重要作用；植物措施构筑的区域防御体系，可阻止风沙侵害。水土保持措施对有效涵养水源，减轻水旱风沙灾害有着极其重要的作用。

4. 减少泥沙淤积，减轻下游洪涝灾害

水土保持的工程措施、植物措施和保土耕作措施形成一个完整的防护体系，从山坡到沟道，节节拦蓄，层层截留，增加入渗，减少下泄，缓洪滞洪，调节径流，拦截泥沙，减轻淤积。因此，不仅可保护和改善治理区的生产生活环境，减少流域产沙量和输往下游河道的泥沙，而且可减少河道的淤积和洪涝灾害，同时还可减轻对湖泊、水库的淤积，延长水库使用寿命，维护河湖健康生命，提高水资源利用效率。

5. 减轻面源污染，优化水生态环境

生态清洁小流域建设

过度使用化肥和农药会造成水体、土壤污染，是产生面源污染的根源。水土流失必然导致面源污染扩散，危及供水安全。水土保持的耕作措施、坡改梯措施和退耕还林措施，均能直接改变和调节地表径流，发挥土壤的缓冲和净化作用，并通过稀释、过滤、沉淀等物理作用，降低污染物的浓度，通过各种反应、吸附、降解、吸收和转化，改变污染物的形态和毒性，减少污染物流失，净化水质；减轻土壤中有害物质对水体的污染，优化水生态环境。

第二节 水土保持措施与综合治理

水土保持措施主要有工程措施、植物措施和农业耕作措施三大类，各项措施之间相互配合、相辅相成、协调作用，构成一个综合、完整、系统的防护体系。

一、水土保持工程措施

水土保持工程措施包括坡面工程措施和沟道工程措施，坡面工程措施主要有梯田、坡面截流沟、蓄水池、水窖、涝池；沟道工程措施主要有沟头防护工程、谷坊、淤地坝和治沟骨干工程。其主要作用是改变小地形，蓄水保土，减少泥沙下泄，改善生态环境，提高粮食生产能力。

人工水平梯田

1. 梯田

梯田包括水平梯田、坡式梯田、隔坡梯田、反坡梯田。在坡地上沿等高线方向修筑的条状阶台式或波浪式断面的田地称为梯田。其作用是减缓坡度和截短坡长，改变坡地的地形条件，减小水流流速，增加土壤水分入渗，从而减少地表径流的形成与冲刷，防止水、土、肥的流失，改善农业生产条件；同时可适应机耕和灌溉的要求，发展生态高效农业。

2. 淤地坝

沟道内用于拦泥淤地的治沟工程。主要在我国黄土高原水土流失严重地区，常常在一条沟内修建多座淤地坝，形成坝系，以更好地滞洪、拦泥、淤地、蓄水，发展农业生产，减少流入河道的泥沙。

淤地坝的作用十分显著。一是拦泥淤地，变荒沟为良田，增加粮食产量。坝地粮食单产是坡地的5倍以上，不仅可以增加高产稳产基本农田，而且可以为退耕还林还草、发展高效生态农业创造条件。二是抬高侵蚀基准面，防止沟床下切、沟岸扩张，减轻沟道侵蚀。三是拦截坡面、沟道泥沙，控制其不出沟，减少下游河库淤积。四是拦蓄洪水，调节径流，提高水资源利用率。五是以坝代路，连通沟道两岸，改善交通条件。

3. 拦沙坝工程

拦沙坝是控制泥沙下泄、抬高侵蚀基准面和稳定边坡体坍塌的治理工程，主要适用于南方崩岗治理和土石山区多沙沟道的治理。在沟谷治理中拦沙坝应与谷坊、塘坝等相互配合使用，但不能兼作塘坝或水库的挡水坝使用。

黄土高原淤地坝

黄土高原坝地利用

4. 塘坝和滚水坝

4.1 塘坝

塘坝指在山区或丘陵地区修筑的一种小型蓄水工程，用来积聚附近的雨水、泉水，以灌溉农田，蓄水量在 10 万立方米以下，由坝体、溢洪道和放水建筑物组成，也叫塘堰、坝塘。

塘堰工程

4.2 滚水坝

滚水坝是以抬高沟道上游水位、固定沟床、灌溉为主要目的的一种高度较低的挡水建筑物，分为浆砌石坝或混凝土坝，必须满足耐冲刷性要求。

滚水坝

5. 沟道滩岸防护工程

沟道滩岸防护工程是利用植物或将植物与工程相结合，对沟道滩岸进行防护，以达到固岸护地、控制土壤侵蚀和修复水生态的一种护岸形式，包括护地堤、丁坝、顺坝、生态护岸等工程。护地堤布置应以少占农田、少拆迁为原则，有

沟道生态护岸措施

利于防汛抢险和工程管理，堤线应与河势流向相适应，并与洪水主流线大致平行，宜修筑在土质好、比较稳定的滩岸上；丁坝、顺坝应沿堤岸修建，丁坝坝头位置应在治导线上，顺坝应沿治导线布置；生态护岸布置应因地制宜采用植物或植物与工程措施相结合，遵循岸坡稳定、行洪安全、内外透水、成本经济原则，与沟道天然形态相协调。

6. 坡面截排水工程

在坡地上，横贯坡向，每隔适当距离，人工修筑坡面截排水工程，用来保护山坡坡面或梯田。其作用是改变坡长，缩短地表径流流程，减免冲刷，拦截、排

坡面截排水工程

导地面径流，将其输导至蓄水工程中或直接用以灌溉农田、草地、林地等。坡面截排水工程与梯田、涝池、沉沙凼、蓄水池、耕作道路、沟头防护工程以及引洪漫地等工程相互配合，形成完整的防御和利用体系，对保护和灌溉其下部的农田、草地，防止滑坡、沟头前进，维护村庄和公路、铁路路基的安全有明显作用。坡面截排水工程分为地面排水工程和地下排水工程，地面排水工程又分为多蓄少排型、少蓄多排型和全排型，地面排水工程中的截水沟分为蓄水型和排水型两种。

7. 蓄水池和水窖

7.1 蓄水池

蓄水池是用人工材料修建的蓄水设施，是水土流失综合治理体系中重要的雨水蓄积工程措施。修建蓄水池，可以把雨水和径流集聚起来，一方面缓洪滞沙，一方面在天旱时用来灌溉或作为饮用水水源，有效缓解水资源短缺问题。

根据当地地形和土质条件可以将蓄水池修建在地上或地下，即分为开敞式和封闭式两大类；按形状特点又可分为圆形和矩形两种；因建筑材料不同可分为砖池、浆砌石池、混凝土池等。蓄水池布置，还要配套引水沟（渠）、沉沙池、进水管（渠）、

小流域综合治理中的蓄水池

拦污栅和护栏等设施建设。

7.2 水窖

在干旱、半干旱地区土层较厚的山塬地下挖成井形，用于贮存地表径流，解决人畜饮水、农田灌溉的一种坡面水土保持工程措施，又称旱井。水窖常修建于水源缺乏、水土流失严重的地方。中国山区修建水窖历史悠久，群众称之为"甘露工程"。水窖一般要建在有足够径流汇集的坡面下方，以满足水窖蓄水的要求。提供生活用水的水窖建在村庄附近，浇地用的水窖建在田间地头。

8. 弃渣场及拦挡工程

工程建设中对不能利用的开挖土石方、拆除混凝土或其混合物所选择的处置或堆放场地叫弃渣场。弃渣拦挡工程包括挡渣墙、拦渣堤、拦渣坝、围渣堰等。挡渣墙应布置在原地形斜坡面或坡顶弃渣的渣场坡脚；拦渣堤应布置在河道或沟道两侧较低台地、阶地、滩地弃渣的渣场坡脚，顺河道或沟道布设；拦渣坝应布置在河道或沟道中渣场下游弃渣末端坡脚，走向应与河道或沟道走向垂直。严禁在对重要基础设施、人民群众生命财产安全及行洪安全有重大影响的区域布设弃渣场。

煤矿矸石弃渣水土保持综合防治措施

9. 土地整治工程

9.1 引洪漫地

引洪漫地是在我国北方干旱、半干旱地区特别是黄土高原地区，暴雨时引用坡面、道路、沟道或河流的洪水，淤漫农田，改善土壤肥力，提高粮食生产能力，同时可以减轻坡沟水土流失，减少河流洪水、泥沙的一种措施。

9.2 引水拉沙造地

引水拉沙造地就是在风沙区有水源的地方，引用水流拉平沙丘，造成平坦高产的良田，同时遏止沙丘流动的一种措施。引水拉沙造地，要先修好引水渠和蓄水池（较高位置），把从水源处（河流或水库）引来的水蓄在池内，在准备造地的地方（较低位置）四周修上围埝，从蓄水池中放出来水来冲刷沙丘底部或中部，利用水力把沙丘拉平，水和沙流到四周有围埝的低洼地面，淤成平展农田，在围埝的较低一端设一出口，放出清水。

9.3 生产建设项目土地整治

对工程征占范围内需要复耕或恢复的扰动及裸露土地进行整治，根据原土地类型、占地性质、立地条件和土地利用规划确定土地恢复利用方向，选择确定土地整治内容，主要包括表土剥离及堆存、土地平整及翻松、表土回覆、田面平整和犁耕等。

10. 支毛沟治理工程

10.1 谷坊

在易受侵蚀的沟道中，修建的小型固沟、拦泥、滞洪建筑物（高度在 5 米以下）称为谷坊。谷坊的作用主要是抬高侵蚀基准面，防止沟底下切；抬高沟床，稳定沟坡坡脚，防止沟岸扩张；减缓沟道纵坡，减小山洪流速，减轻山洪或泥石流危害；

谷坊工程

拦蓄泥沙，使沟底逐渐台阶化，为利用沟道土地发展生产创造条件。谷坊按建造材料不同，分为土谷坊、石谷坊、柳谷坊、铁丝石笼谷坊、混凝土谷坊、钢筋混凝土谷坊等，一般多为石谷坊、土谷坊，多建在干沟的上游或纵坡大的支毛沟上。

10.2 沟头防护工程

为防止因径流集中下泄冲淘引起沟头前进、沟床下切和沟岸扩张，保护坡面、塬面不受侵蚀的水土保持工程措施。沟头防护工程分为蓄水式和下泄式，应结合造林种草和栽植灌木等林草措施，使之有效地发挥作用。

11. 防风固沙工程

防沙治沙的生态建设项目及在沙地、沙漠、戈壁等风沙区建设的生产建设项目，应采取防风固沙措施，建立防风固沙带。固沙措施包括工程固沙、植物固沙、化学治沙和封育等措施。固沙工程布设应因害设防、就地取材、经济合理。

草方格固沙

二、水土保持植物措施

为保护、改良与合理利用水土资源，在水土流失地区采用的人工或飞播造林种草、封山育林等措施称为水土保持植物措施，又称水土保持林草措施或生物措施。

水土保持植物措施是水土流失综合治理措施体系的重要组成部分，与水土保持工程措施、水土保持农业耕作措施构成一个有机的综合防治体系，是最能够体现经济效益和生态效益的水土保持措施。在小流域综合治理体系中，植物措施具有重要作用。一是保持水土、改良土壤、护岸固坡。特别是森林，经过长期生长已经形成良好覆盖的林草措施，其地表枯落物具有良好的吸水、蓄水与透水能力，可有效减少径流和泥沙。二是增加植被，美化景观，改善小气候。林草植被可以缩小温差、提高湿度、降低风速和净化空气，同时又能够改善生态环境，丰富区域自然色彩。三是提高土地生产能力，改善土地利用结构，增加经济效益。林草措施既能防治水土流失，又能开展多种经营，发展绿色产业，促进生态观光旅游产业发展，大幅度增加群众经济收入。

1. 水土保持造林

水土保持造林措施是在荒山荒坡或沙地、平原地区为防沙治沙、保护农田、开发利用等而营造的各种林，包括水土保持林、固沙林、经济林、农田防护林等，其中除农田防护林外，其他几种林在山丘区水土流失综合治理体系中都是重要的措施。

1.1 水土保持林

在水土流失地区，以调节地表径流、防治土壤侵蚀、减少河库泥沙淤积等为主要目的，并提供一定林副产品的天然林和人工林被称为水土保持林。水土保持林又分为坡面水土保持林、侵蚀沟道水土保持林、水库河岸防护林、平原农田生态防护林等，它们在流域内形成水土保持林体系。

水土保持林建设

1.2 固沙林

为固定流沙和阻挡风沙流危害，在沙地所营造的人工林称为固沙林。在风蚀严重的流动沙丘区，为提高造林成活率需要配合沙障等工程措施，最终依赖植物长期固定流沙。

1.3 经济林

在水土流失区的山地上，栽植的以生产果品、食用油料、饮料、调料、工业原料和药材等为主要目的的林木称为经济林。山地经济林产品众多，用途广泛，并可增加创收，是山丘区发展经济的突破口，也是山区林业建设的重要组成部分。

板栗经济林建设

2. 水土保持种草

在水土流失地区，为蓄水保土，改良土壤，提供饲料、肥料、燃料，促进畜牧业发展而进行的草本植物培育。水土保持种草包括封山育草、人工种草、天然草地改良与合理放牧、封山禁牧等，是小流域综合治理措施的重要组成部分。

3. 退耕还林还草

对水土流失严重地区的坡耕地停止耕种，通过人工方法恢复植被。退耕还林还草是减少水土流失、改善生态环境的重要措施。

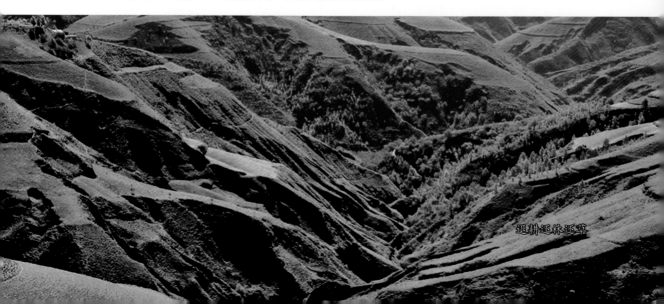

退耕还林还草

4. 封育治理

采用人工封禁方法，培育山地森林植被、防治水土流失的措施称为封育治理。

对荒山或生长不良、价值较低的次生林，通过划界封禁，禁止垦荒、放牧、砍柴等人为的破坏活动，依据天然植被演替规律，利用原有树木自我修复、生长能力，恢复林草植被，自然培育成林。封山育林过程中，有时需要辅助一些人工措施，如抚育管理等。

荒山荒坡造林

封育治理必须制定相应配套的政策和管理办法，要与解决群众的生产生活需求结合起来，一方面林木封起来，要有政策和人员队伍作支撑，要管得住；另一方面要考虑群众需求的替代途径，如樵采、放牧、采药等。封山包括全封、半封、轮封等形式，应因地制宜。

三、水土保持农业耕作措施

在有水蚀和风蚀的农田中，采用改变微地形、增加植被覆盖和地面覆盖、增强土壤抗蚀力等方法，达到保水、保土、保肥、改良土壤、提高产量目的的农业耕作措施称为水土保持农业耕作措施，又称水土保持农业技术措施。农业耕作措施主要有4类：一是改变微地形为主的耕作技术，有沟垄耕作、坑田和新式圳田；二是增加植被覆盖为主的耕作技术，如间作、套种、混种、等高带状间作及草田轮作等；三是增加地面覆盖物为主的耕作技术，如保留残茬，用秸秆、地膜或砂卵石等覆盖地面，增加降水入渗，防止土肥流失及土壤水分蒸发；四是增强土壤抗蚀力为主的耕作技术，用免耕少耕等方法，不扰动或少扰动土壤，增强土壤的抗蚀能力，减少水土流失。

水土保持农业耕作措施包括等高耕作、带状耕作、沟垄耕作、垄作区田、抗旱保墒耕作等，在中国有三四千年的历史。我国广大山丘区的农地多是坡耕地，还有许多风沙地，水土流失严重，土壤瘠薄，农作物产量低而不稳，除修水平梯田、退耕还林还草外，其他缓坡地都需要采取水土保持耕作措施；一些坡地即使修成梯田、条田后，也仍需要采取适当的水土保持农业耕作措施。

四、水土保持综合治理

1. 小流域综合治理

小流域综合治理的含义是：以小流域（面积一般不超过50平方公里的集水区域）为单元，在全面规划的基础上，合理安排农、林、牧各业用地，因地制宜实施水土保持工程措施、植物措施、耕作措施，治沟与治坡相结合，治山与治水相结合，治理与开发相结合，山、水、田、林、路、村综合治理，做到相互协调、

小流域综合治理

互相促进，形成综合防护体系，发挥最大整体效益。

小流域综合治理是水土保持工作者在我国水土保持历史经验基础上，经过长期探索实践总结出来的治理水土流失的有效技术路线，是多年开展水土流失治理的经验结晶，为充分利用水土保持措施功能，提高水土流失治理效果发挥了关键作用。

2. 生态清洁小流域建设

生态清洁小流域建设是在传统小流域综合治理的基础上，将水资源保护、面

源污染防治、农村垃圾及污水处理等结合到一起的一种新型综合治理模式，是对传统小流域综合治理的拓展和发展，是适应我国经济社会发展，建设生态文明与美丽中国，践行山水林田湖草系统治理理念，满足广大人民群众对良好生态和美好生活期待的水土保持措施。

小流域水土保持综合开发

三道防线位置示意图

生态修复防线

生态治理防线

生态保护防线

水土保持生态清洁小流域建设防护体系

水土保持生态清洁小流域建设

第三节 水土保持特点

一、科学性

水土保持措施包括工程措施、植物措施和农业耕作措施，其中：工程措施包括坡面工程措施和沟道工程措施，涉及土壤、水利、地理、地质等专业；植物措施包括林草措施，涉及林业、牧业、生态等专业；农业耕作措施主要涉及土壤、农业、牧业、生态等专业。因此，水土保持又被称为边缘性学科、综合性学科。

二、地域性

我国幅员辽阔，南北跨近 60 个纬度，有热带、亚热带、暖温带、中温带和寒温带五个温度带；自东向西分三个台阶，平原、高原、山地、丘陵、盆地五种地形齐备；地形地貌和气候差异决定了水土流失类型多样。《全国水土保持规划（2015—2030 年）》把我国水土保持划分为 8 个一级区、41 个二级区、117 个三级区（含港、澳、台地区），并提出了各个区域治理的任务。同样，河南省跨长江、淮河、黄河、海河四大流域，自南向北由亚热带向暖温带过渡，地势自西向东由山丘区向平原区过渡，不同区域水土流失程度、形式也不相同，必须根据实际，因地制宜，分类施策，科学治理。根据《河南省水土保持规划（2016—2030 年）》总体布局，全省划分为太行山、伏牛山、桐柏大别山、平原区"四大"片区，并提出了各个区域治理方略及任务，为各地开展水土保持工作提供了指南。

三、综合性

水土流失现象发生的机理十分复杂，不仅与土壤本身的特性有关，而且与植被、气候、地形等其他因素有关，并且人类的行为方式和社会经济技术发展水平也对水土流失的发生发展产生重要的影响。水土流失从山坡到沟道产生的形式复杂多样，既要治理坡面，又要治理沟道；既采取工程措施，又要采取植物措施，还要采取农业耕作措施，任何单一措施都难以奏效。因此，必须采取多种措施才能实现防治水土流失的目的，这决定了水土保持治理措施的综合性。在广大的水土流失区实施水土保持措施，因为具有分散性、大面性和公益性特点，所以管理上，需要各级政府统一组织领导协调，动员各部门的力量，发挥各方面的优势，整合资源，形成合力；在防治生产建设项目水土流失工作中，要全面贯彻落实水土保持法，离不开各级人大的支持，离不开政府相关部门的协调配合，这又决定了水土保持管理的综合性。

四、群众性

水土流失分布广泛，情况复杂，不管采取哪种水土保持措施都离不开广大群众的参与，也不会一蹴而就，必须长期不懈地坚持下去。实施水土保持农业技术措施无论采取哪种耕作形式都需要通过群众才能够完成，开展水土保持造林种草、建设坡面水土保持工程也要组织广大群众加以实施。即使建设淤地坝等技术含量高、工程量集中、施工难度大的水土保持工程措施，也离不开群众的参与和支持。水土保持工程分布广而分散，需要群众广泛参与。同时，治理后的水土保持措施更需要群众进行管护，以保证措施维持并长久发挥效益。

五、公益性

水土保持措施实施后不仅可使当地受益，而且会使周边及下游地区受益，特别是生态效益和社会效益，不会被哪个地区、哪个部门或个人单独享用，水土资源为全民所有、全社会共享。水土保持的艰巨性、长期性、公益性和普惠性，决定了水土保持任务的落实不能完全靠市场经济机制来完成，必须发挥政府的组织引导作用，综合运用经济、技术、政策、行政和法律等各种手段，组织和调动社会各方面力量，完成水土保持规划所确定的目标和任务。如上游开展水土流失治理，保护流域生态环境，减少河道淤积，减轻洪水灾害，下游地区受益很大；加之限制开办生产建设项目，会极大地影响上游地区的经济社会发展。因此需要探索水土保持补偿制度，国家或中下游地区应对上游地区进行补偿。

第四节　水土保持区划及水土流失重点防治区划分

一、全国水土保持区划

全国水土保持区划是全国水土保持规划的基础和前提，是因地制宜开展水土流失防治的体系保障。全国水土保持区划采用三级分区体系，一级区为总体格局区，确定全国水土保持工作战略部署与水土流失防治方略；二级区为协调区，协调跨流域、跨省区的重大区域性规划目标、任务及重点；三级区为基本功能区，确定水土流失防治途径与技术体系，作为重点项目布局和规划的基础。根据《全国水土保持规划（2015—2030 年）》，全国水土保持区划共分 8 个一级区、41 个二级区、117 个三级区（含港、澳、台地区），详见表 2-1。

表 2-1 全国水土保持区划分布情况

一级区	二级区(个)	三级区(个)	涉及省级行政区简称
东北黑土区	6	9	内蒙古、黑、吉、辽
北方风沙区	4	12	新、甘、内蒙古、冀
北方土石山区	6	16	京、津、冀、内蒙古、辽、晋、豫、鲁、苏、皖
西北黄土高原区	5	15	晋、内蒙古、陕、甘、青、宁
南方红壤区	9	32	苏、皖、豫、鄂、沪、浙、赣、桂、湘、闽、粤、琼、港、澳、台
西南紫色土区	3	10	川、渝、甘、豫、鄂、陕、湘
西南岩溶区	3	11	川、贵、云、桂
青藏高原区	5	12	藏、甘、青、川、云
合计	41	117	

二、国家水土流失重点防治区划分

按照水土保持法的要求，县级以上人民政府应当划定并公告水土流失重点预防区和重点治理区。划分水土流失重点预防区和重点治理区是一项十分重要的基础性工作，是依法开展水土保持社会化管理的重要依据，是指导我国水土保持工作开展的技术支撑。《全国水土保持规划（2015—2030 年）》共划分国家级水土流失重点预防区 23 个，涉及 460 个县级行政单位，区域面积 334 万平方公里，重点预防面积 43.92 万平方公里；国家级水土流失重点治理区 17 个，涉及 631 个县级行政单位，区域面积 163 万平方公里，重点治理面积 49.44 万平方公里。

三、河南省水土保持区划

按照全国水土保持区划成果，河南省涉及 3 个一级区、5 个二级区和 8 个三级区，详见表 2-2。

表 2-2 河南省水土保持区划分布情况

一级区名称	二级区名称	三级区名称	涉及县级行政区名称
北方土石山区（Ⅲ）	太行山山地丘陵区（Ⅲ-3）	太行山东部山地丘陵水源涵养保土区（Ⅲ-3-2ht）	焦作市解放区、中站区、马村区、山阳区、修武县；安阳市文峰区、北关区、殷都区、龙安区、安阳县、林州市、汤阴县；新乡市卫辉市、辉县市；鹤壁市鹤山区、淇滨区、山城区、淇县
	豫西南山地丘陵区（Ⅲ-6）	豫西黄土丘陵保土蓄水区（Ⅲ-6-1tx）	郑州市上街区、荥阳市；洛阳市涧西区、西工区、老城区、瀍河回族区、洛龙区、吉利区、孟津县、新安县、偃师市、伊川县、宜阳县、栾川县、嵩县、洛宁县；三门峡市湖滨区、陕州区、灵宝市、卢氏县、渑池县、义马市；焦作市孟州市；济源市；巩义市
		伏牛山山地丘陵保土水源涵养区（Ⅲ-6-2th）	郑州市二七区、中原区、新密市、新郑市、登封市；洛阳市汝阳县；平顶山市新华区、卫东区、湛河区、石龙区、宝丰县、鲁山县、叶县、郏县、舞钢市；许昌市禹州市、襄城县；驻马店市驿城区、泌阳县、遂平县、确山县；南阳市南召县、方城县；汝州市
	华北平原区（Ⅲ-5）	黄泛平原防沙农田防护区（Ⅲ-5-3fn）	郑州市管城回族区、金水区、惠济区、中牟县；开封市龙亭区、祥符区、顺河回族区、鼓楼区、禹王台区、金明区、杞县、通许县、尉氏县；安阳市内黄县；濮阳市华龙区、清丰县、南乐县、范县、台前县、濮阳县；新乡市新乡县、获嘉县、原阳县、延津县、封丘县、卫滨区、红旗区、牧野区、凤泉区；焦作市武陟县、温县、沁阳市、博爱县；鹤壁市浚县；许昌市鄢陵县、长葛市；周口市川汇区、扶沟县、西华县、淮阳县、太康县；商丘市梁园区、睢阳区、民权县、睢县、虞城县、夏邑县、宁陵县、柘城县；兰考县；永城市；长垣县；滑县
		淮北平原岗地农田防护保土区（Ⅲ-5-4nt）	许昌市魏都区、许昌县；漯河市源汇区、郾城区、召陵区、舞阳县、临颍县；周口市沈丘县、郸城县、项城市、商水县；驻马店市平舆县、西平县、上蔡县、正阳县、汝南县；信阳市淮滨县、息县；新蔡县、鹿邑县
南方红壤区（Ⅴ）	大别山-桐柏山山地丘陵区（Ⅴ-2）	桐柏大别山山地丘陵水源涵养保土区（Ⅴ-2-1ht）	南阳市桐柏县；信阳市浉河区、平桥区、罗山县、光山县、新县、商城县、潢川县；固始县
		南阳盆地及大洪山丘陵保土农田防护区（Ⅴ-2-2tn）	南阳市宛城区、卧龙区、镇平县、社旗县、唐河县、新野县；邓州市
西南紫色土区（Ⅵ）	秦巴山山地区（Ⅵ-1）	丹江口水库周边山地丘陵水质维护保土区（Ⅵ-1-1st）	南阳市西峡县、内乡县、淅川县

四、河南省水土流失重点防治区划分

1. 河南省国家级水土流失重点防治区

河南省涉及 3 个国家级水土流失重点预防区，共 25 个县（市、区），总面积 41567.9 平方公里；2 个国家级水土流失重点治理区，共 21 个县（市、区），总面积 29613.6 平方公里。河南省国家级水土流失重点预防区和重点治理区分布情况详见表 2-3、2-4。

表 2-3   河南省国家级水土流失重点预防区分布情况

国家级 重点预防区名称	涉及县级行政区名称	县级行政区数量 （个）	总面积 （平方公里）
桐柏山大别山国家级水土流失重点预防区	信阳市平桥区、狮河区、罗山县、光山县、新县、商城县；南阳市桐柏县	7	13201.5
丹江口库区及上游国家级水土流失重点预防区	洛阳市栾川县；三门峡市卢氏县；南阳市西峡县、内乡县、淅川县	5	14669.9
黄泛平原风沙国家级水土流失重点预防区	郑州市中牟县；开封市祥符区、杞县、通许县、尉氏县；濮阳市南乐县、清丰县、范县、内黄县；新乡市延津县、长垣县、封丘县；兰考县	13	13696.5
合　计		25	41567.9

表 2-4   河南省国家级水土流失重点治理区分布情况

国家级 重点治理区名称	涉及县级行政区名称	县级行政区数量 （个）	总面积 （平方公里）
太行山国家级水土流失重点治理区	安阳市林州市	1	2061.7
伏牛山中条山国家级水土流失重点治理区	郑州市新密市、登封市；洛阳市洛龙区、新安县、孟津县、偃师市、伊川县、宜阳县、洛宁县、嵩县、汝阳县；三门峡市湖滨区、陕州区、渑池县、义马市、灵宝市；平顶山市鲁山县；济源市；巩义市；汝州市	20	27551.9
合　计		21	29613.6

2. 河南省省级水土流失重点防治区

根据全国《水土流失重点防治区划导则》（SL717—2015），在国家级水土流失重点防治区划分的基础上，结合河南省水土流失特点，全省水土保持重点防治区划分为1个省级水土流失重点预防区，涉及38个县（市、区），县域总面积28353.7平方公里；4个省级水土流失重点治理区，涉及58个县（市、区），县域总面积49305.4平方公里。河南省省级水土流失重点预防区和重点治理区分布情况详见表2-5、2-6。

表2-5 河南省省级水土流失重点预防区分布情况

省级重点预防区名称	涉及县级行政区名称	县级行政区数量（个）	总面积（平方公里）
黄泛平原风沙省级水土流失重点预防区	郑州市管城回族区、金水区、惠济区；开封市龙亭区、顺河回族区、鼓楼区、禹王台区、金明区；濮阳市华龙区、濮阳县、台前县；新乡市凤泉区、卫滨区、红旗区、牧野区、获嘉县、新乡县、原阳县；鹤壁市浚县；焦作市武陟县、温县；周口市川汇区、扶沟县、西华县、淮阳县、太康县、柘城县；商丘市梁园区、睢阳区、民权县、睢县、虞城县、夏邑县、宁陵县；许昌市长葛市、鄢陵县；永城市；滑县	38	28353.7

表2-6 河南省省级水土流失重点治理区分布情况

省级重点治理区名称	涉及县级行政区名称	县级行政区数量（个）	总面积（平方公里）
太行山省级水土流失重点治理区	鹤壁市鹤山区、山城区、淇滨区、淇县；安阳市北关区、殷都区、龙安区、文峰区、安阳县、汤阴县；焦作市山阳区、马村区、解放区、中站区、修武县、博爱县、沁阳市；新乡市辉县市、卫辉市	19	8315.3
伏牛山中条山省级水土流失重点治理区	郑州市二七区、上街区、中原区、新郑市、荥阳市；洛阳市老城区、吉利区、西工区、瀍河区、涧西区；焦作市孟州市；平顶山市卫东区、石龙区、湛河区、新华区、叶县、宝丰县、舞钢市、郏县；许昌市襄城县、禹州市；驻马店市驿城区、确山县、泌阳县、西平县、遂平县；南阳市南召县、方城县	28	22368.2
桐柏山大别山省级水土流失重点治理区	信阳市息县、淮滨县、潢川县；固始县	4	8068.5
南阳盆地省级水土流失重点治理区	南阳市宛城区、卧龙区、镇平县、社旗县、唐河县、新野县；邓州市	7	10553.4
合计		58	49305.4

第五节　河南省水土保持生态治理

河南省国土面积 16.7 万平方公里，山丘区面积 7.91 万平方公里，水土流失面积 6.06 万平方公里。截至 2018 年底，全省累计治理水土流失面积 4.03 万平方公里，全省 66.5% 的水土流失面积得到有效控制，改善了生态环境，提高了群众生产生活条件，促进了经济社会发展。

一、河南省水土保持生态治理实践

1. 试点示范结合，户包联包治理

1950 年河南省成立了水土保持工作队，对淮河上游进行实地考察，并采取以工代赈的办法在板桥水库上游开展了试点工作。1952 年，水土保持工作由淮河流域转向全省。1956 年河南省水土保持委员会和水土保持局成立，开展了小流域综合治理试点，创办水土保持试验站，出现了一些治理样板。其中，漭河流域综合治理经验曾引起中央领导的重视，国务院水土保持委员会授予河南省一面"驯服漭河，万民受益"的大旗。禹县"治理鸠山"的模范事迹，被拍成《江山多娇》电影，在全国放映。

随着农村家庭联产承包责任制的建立和完善，发展山区经济的政策进一步落实，推广以户包和联户承包治理小流域的经验，调动了广大群众治理山河的积极性，出现了千家万户治理千沟万壑的新局面，水土保持工作获得了突破性进展。20 世纪 80 年代初全省以户承包治理小流域达 55 万户，承包面积 6540 平方公里。

2. 依托重点项目，集中连片治理

20 世纪 80 年代以来，国家加大水土保持生态建设投资力度，以小流域为单元实行规模化重点防治，河南建设了一大批水土保持重点治理工程，有力地推动了全省的水土流失综合治理。一是建立连片治理区。1987—1994 年，河南省以小流域为单元，集中连片开展水土流失综合治理，共治理小流域 800 多条。20 世纪 80 年代后期，形成集中连片治理区 54 片，总面积 5000 平方公里，初步治理面积

近 4000 平方公里，成效较为显著的有济源王屋河、舞钢尹集、郑州五指岭、灵宝凤凰峪、巩义玉仙河、鲁山楼子河等。二是打造"十百千"示范工程。1999 年，为了贯彻落实党中央、国务院关于水土保持生态环境建设的战略部署，保护水土资源，加快水土流失防治步伐，充分发挥典型的辐射带动作用，水利部和财政部决定在全国选择 10 个城市、100 个县、1000 条小流域作为全国水土保持生态环境建设的示范工程。截至 2003 年，河南省共有 10 个县和 112 条小流域被命名为"十、百、千示范工程"，起到了很好的示范作用。三是抓好国家水土保持重点工程建设。进入 21 世纪，河南省实施了淮河流域水土保持重点治理工程、长江上中游水土保持重点防治工程、黄河水土保持生态工程、丹江口库区及上游水土保持重点防治工程、革命老区水土保持重点建设工程、坡耕地水土流失综合治理工程等。通过实施国家水土保持重点工程建设项目，完善了河南省开展水土流失综合治理的技术路线，走出了具有河南特色的水土流失综合防治路子，为全省大规模开展水土保持生态治理积累了经验、树立了样板。

淅川县丹江口库区及上游水土保持综合治理工程

3. 治理开发统筹，培育绿色产业

河南省在开展水土保持生态治理过程中，着力解决群众最关心、最直接、最现实的利益问题，重点安排群众欢迎的水土保持措施，治理与开发相结合，积极培育绿色支柱产业，以水土流失综合治理促进农村种植结构和产业结构调整，推

动经济发展，促进群众增收致富。如：三门峡市陕州区二仙坡小流域，通过治理"四荒"、建设淤地坝、发展果园、配套建设基础设施、引进和培育优质苗木等，形成了以苹果为主的二仙坡果业基地；罗山县对规模大、集中连片的坡改梯工程，积极推行产权制度改革，鼓励善经营、会管理的优势产业种植大户通过土地流转的方式实行承包经营，走农村经济合作组织的新路子，成立"山乡油茶合作社"，发展油茶产业，通过规模化开发、集约化经营、系统化管护，由农民以治理后的坡耕地入股合作社，实行参股分红，为农民获取经济效益提供了一条新途径。

三门峡市陕州区二仙坡苹果基地　　　　　　　　罗山县小流域生态茶园

4. 创新体制机制，发展民营水保

为了加快水土流失治理，1999 年河南省人民政府印发了《关于进一步开发农村"四荒"资源 加快治理水土流失建设生态农业的通知》，开启了全面引导、鼓励社会各界和广大干部群众开发"四荒"，吸纳社会力量投工投资，参与小流域治理，形成了多层次、多元化、多渠道的投入机制。据不完全统计，截至 2018 年，全省有 1000 多家水土保持生态建设大户或公司，完成水土流失治理面积 1200 多平方公里，总投资超过 80 亿元，产生了良好的效果。河南省民营水土保持丰富了水土流失治理实践，探索出水源保护型、休闲观光型、绿色产业型、文化旅游型、养殖循环型等治理模式，增强了水土流失治理活力，提高了水土流失治理标准，大大提高了土地生产率，初步形成了"坡地梯田化、排灌设施化、种植多样化"的农业生态景观。民营水土保持与生态农业、观光农业、绿色产业相结合，经济效益、

社会效益和生态效益十分显著。

济源王屋山小流域冬凌草生产基地　　　　内乡县民营小流域经济林

5. 助推乡村振兴，建设清洁小流域

党的十八大把生态文明建设纳入"五位一体"总体布局，河南省水利系统统筹推进"四水同治"发展战略，坚持生态优先、绿色发展、树立和践行绿水青山就是金山银山的理念。河南水土保持生态治理紧密结合美丽乡村建设，贯彻落实乡村振兴战略总体部署，大力推进生态清洁小流域建设。一是把生态清洁小流域建设与美丽乡村建设紧密结合，大力改善人居环境。在重要水源区，把水源保护、面源污染控制、农村环境整治、人居环境改善等有机结合起来，积极推行生态清洁小流域建设，对水系、道路、农田、村庄、绿化等同步规划、同步治理，实现

南阳市邕河水土保持生态清洁小流域

禹州市大鸿寨水土保持生态清洁小流域

了村容整洁、水源安全、人与自然和谐。二是把生态清洁小流域建设与群众增收相结合，积极推动脱贫攻坚工作。大力推广"山上发展经济林、梯边发展生态林、山下发展经果林"建设模式，着力解决民生问题，形成生态农业循环产业链，有效增加了群众收入。三是把生态清洁小流域建设与生态文明建设相结合，努力打造山水田园综合体。顺应群众对美好生活的新期待，响应国家大力推进生态文明建设战略，积极推广生态清洁小流域，建设河清、水畅、岸绿、山青、景美的美丽山村。

二、河南省水土保持分区治理措施

河南省涉及长江、淮河、黄河、海河四大流域，水土流失类型多样，需要因地制宜，分类施策，开展水土流失治理。

1. 太行山东部山地丘陵水源涵养保土区

该区水土保持主导功能是涵养水源和土壤保持。水土流失防治途径及技术体系是：在远山及人口稀少地区，实行封禁治理，大力营造水源涵养林和水土保持林。在中低山丘陵区，以小流域为单元实施综合治理，重点开展坡改梯工程和小型水利水保

卫辉市唐庄镇土石山区人工造林

工程建设，配套雨、洪利用措施，确保人畜饮水和生态用水安全。在低山浅山丘陵区，结合小流域综合治理，建设小型拦蓄引水工程，发展节水农业和特色经济林果。在山洪泥石流易发区，布设拦沙、排洪等骨干工程，减少灾害损失。在生产建设项目集中区，加强监督管理，开展水土保持生态恢复治理工程。

2. 豫西黄土丘陵保土蓄水区

该区水土保持主导功能是土壤保持、蓄水保水及保障饮水安全。水土流失防治途径及技术体系是：在黄土丘陵沟壑区开展小流域综合治理，重点是淤地坝坝系和坡改梯工程建设，大力发展节水农业，实施退耕还林还草；在伊洛河上游和三门峡水库上游，实施封禁治理，提高水源涵养能力；在城市周边及水源地，开展生态清洁小流域建设，防止面源污染；在金、铝、煤等矿产资源和其他生产建设项目集中区，加大监管力度，防止新的水土流失。

义马市凤凰山水土保持工程

3. 伏牛山山地丘陵保土水源涵养区

该区水土保持主导功能是土壤保持、水源涵养及保障水源地生态安全。水土流失防治途径及技术体系是：重点改造浅山丘陵地带坡耕地和"四荒"地，建设沟道拦蓄工程，配套蓄水池（窖）等坡面集水工程；在粗骨土和沙化严重地区，发展耐旱经济林和生态林。以小流域为单元实施综合治理，重点开展坡改梯工程并配套建设坡面灌、排系统，大力发展节水农业和特色林果产业。以水源保护和生态维护为主，保护和恢复水库上游林草植被，保护水库水质。加强监管，防止煤矿、铁矿等矿产资源开发项目造成的人为水土流失。

舞钢市官平院小流域封禁治理工程

4. 桐柏大别山山地丘陵水源涵养保土区

该区水土保持主导功能是水源涵养、土壤保持和保障河流源区生态安全。水土流失防治途径及技术体系是：在大型水库上游实施生态修复，封造并举；开展生态清洁型和安全型小流域建设，提高水源涵养、控制泥沙和面源污染防治能力；在丘陵地带改造坡耕地，建设基本农田，发展木本油料等特色经济林产业，因地制宜建设山塘和截、排、导为主的坡面径流调控工程；在丘陵向平原过渡地带，

新县连康山生态修复区

开展土地集约化经营，发展复合农业，加大河道整治力度，防止河岸冲刷和农田水冲沙压。

5.丹江口水库周边山地丘陵水质维护保土区

该区水土保持主导功能是水质维护、土壤保持，以及保护水源地生态安全和水质安全，兼顾农业生产。水土流失防治途径及技术体系是：在库区周边开展水生植物和防护林带建设，修建拦沙坝和谷坊，加强面源污染控制，保护入库水质；在人口分布较多、坡耕地面积较大和植被较差的区域，开展小流域综合治理，建设高标准农田，促进陡坡耕地退耕还林还草；在距库区较远、人口较少和自然植被较好的地带，推行以沼气为主的能源替代措施，实行全面封禁。加强监督管理，遏制人为造成的水土流失。

淅川县张南沟小流域坡改梯工程

6.南阳盆地（及大洪山）丘陵保土农田防护区

该区水土保持主导功能是土壤保持、农田防护，以及保护土地生产力和农业综合生产能力。水土流失防治途径及技术体系是：岗丘区以基本农田建设与保护为主，建立林果经济林带和生态农业带，实施径流拦蓄工程，重点发展高效高产农业；平原地区重点建设农田林网以及河流上游和两侧的植被缓冲带；加强监督管理，防止开发建设项目和城镇化建设等活动造成新的水土流失。

7. 黄泛平原防沙农田防护区

该区水土保持主导功能是防风固沙、农田防护，以及保护土地生产力和粮食生产安全。水土流失防治途径及技术体系是：开展平原沙土区土地整治工程，实施农田林网、农林间作、引黄灌溉和打井取水等措施，控制风沙危害，发展高效

兰考县农田防护林

农业；依法强化监督管理，遏制人为造成新的水土流失。

8. 淮北平原岗地农田防护保土区

该区水土保持主导功能是农田防护、土壤保持，以及保护土地生产力和农业综合生产能力。水土流失防治途径及技术体系是：加强河、渠水系生态环境保护，强化监督执法，有效控制生产建设项目水土流失。

汝南县农田防护林

第三章　水土保持监督管理

随着经济社会持续发展，大量的生产建设项目开工建设，大规模的生产建设活动必然扰动地表，损坏水土保持设施，加剧人为水土流失。因此，加强对生产建设活动的监督管理，对违法违规行为实施行政处罚，督促生产建设单位依法预防和治理人为水土流失，以保护水土资源，维护和改善生态环境。

第一节　水土保持监督管理概述

一、水土保持监督管理概念

水土保持监督管理是指县级以上人民政府水行政主管部门，依据法律、法规、规章及规范性文件或政府的授权，对所辖区域内人为水土流失的防治和影响水土流失防治效果的各类活动进行的监督、检查、处理及相关活动的总称。水土保持监督管理属于政府行政管理的范畴，通过行使国家行政权力开展相关工作。

二、水土保持监督管理目标

水土保持监督管理的主要目标：一是推动《中华人民共和国水土保持法》的贯彻落实，确保水土流失得到防治，促进经济社会可持续发展。二是督促生产建设项目水土流失防治责任落实，贯彻水土保持"三同时"制度，预防和治理生产建设活动引发的水土流失。三是提升人为水土流失防治法治化水平，规范行政许可、监督检查、监督执法等职责和工作流程。四是提高社会水土保持意识，督促生产建设单位或个人履行水土流失防治义务。

三、水土保持监督管理任务

水土保持监督管理的主要任务是：加强制度建设，为水土流失防治、水土保持监督、行政管理等各类水土保持工作提供制度依据；做好水土保持行政许可，加强生产建设项目水土保持方案审批；强化监督检查，依法督促检查各类生产建设项目或活动落实水土保持法律、法规、规章和有关制度情况；各级水土保持监督管理机关依法对违反水土保持法律法规的生产建设单位和个人进行行政处理；搞好行政征收工作，依法对生产建设单位或活动主体征收水土保持补偿费；依法对违犯水土保持法律法规但尚未构成犯罪者给予行政处罚；实施行政强制，依法查封、扣押实施违法行为的工具及施工机械、设备，水土保持行政代履行等措施。

第二节 水土保持法律法规体系

1991 年，《中华人民共和国水土保持法》颁布实施，标志着我国水土保持工作进入了依法开展的新阶段；各级人民政府和水土保持部门积极推动相关配套制度建设，水土保持法律法规体系逐步完善；水利部出台了一系列配套规章，与国家有关部委联合发布了行业落实水土保持法的有关文件，建立健全了生产建设项目水土保持方案审批、验收、监测等制度，为水土保持依法监管奠定了基础。

一、法律

1991 年 6 月 29 日，第七届全国人民代表大会常务委员会第二十次会议审议通过了《中华人民共和国水土保持法》，并以中华人民共和国主席令第四十九号予以发布实施。2010 年 12 月 25 日，修订后的《中华人民共和国水土保持法》由第十一届全国人民代表大会常务委员会第十八次会议审议通过，以中华人民共和国主席令第三十九号颁布，自 2011 年 3 月 1 日起施行。

二、行政法规

1993 年 8 月 1 日，国务院以第 120 号令颁布实施了《中华人民共和国水土保持法实施条例》，分别就水土流失预防、治理、监督和法律责任等作了更为详细的规定。修订后的水土保持法实施后，水土保持法实施条例并没有废止，仍然有效。

三、部委规章和规范性文件

1995 年 5 月 30 日，水利部印发了《开发建设项目水土保持方案编报审批管理规定》（水利部令第 5 号）。为满足新形势下水土保持工作的要求，水利部先后于 2005 年 7 月 8 日印发了《关于修改部分水利行政许可规章的决定》（水利部令第 24 号）、2017 年 12 月 22 日印发了《关于废止和修改部分规章的决定》（水利部令第 49 号），对部分条款作了修改。

2014 年 1 月 29 日，财政部、国家发展改革委、水利部和中国人民银行联合印发了《关于印发 < 水土保持补偿费征收使用管理办法 > 的通知》（财综〔2014〕8号）。2014年5月7日，国家发展改革委、财政部和水利部联合印发了《关于水土保持补偿费收费标准（试行）的通知》（发改价格〔2014〕886号）。2017年6月22日，国家发展改革委、财政部联合印发了《关于降低电信网码号资源占用费等部分行政事业性收费标准的通知》（发改价格〔2017〕1186号）对水土保持补偿费征收标准进行了调整。

2017年11月14日，水利部印发了《关于加强事中事后监管规范生产建设项目水土保持设施自主验收的通知》（水保〔2017〕365号），规范了生产建设项目水土保持设施自主验收的程序和标准，提出了事中事后监管新要求。2018年7月10日，水利部办公厅印发了《生产建设项目水土保持设施自主验收规程（试行）》，明确了生产建设项目水土保持设施自主验收的范围、基本要求、验收报告编制、验收程序及验收资料清单等。

2019年5月31日，水利部印发了《关于进一步深化"放管服"改革 全面加强水土保持监管的意见》（水保〔2019〕160号），对新时期生产建设项目水土保持方案审批、事中事后监管、政务服务等方面的工作作了规定。

四、河南省配套法规和规范性文件

1993年8月16日，河南省第八届人民代表大会常务委员会第三次会议审议通过《河南省实施＜中华人民共和国水土保持法＞办法》，包括总则、预防、治理、监督、奖励与处罚、附则共6章40条，对预防和治理河南省水土流失，保护和合理利用水土资源，改善生态环境起到了积极作用，同时为全省水行政主管部门制定有关规范性文件提供了重要的法规依据。

根据修订后的《中华人民共和国水土保持法》，2014年9月26日河南省第十二届人民代表大会常务委员会第十次会议审议通过了《河南省实施＜中华人民共和国水土保持法＞办法》（2014年12月1日起施行），进一步强化了政府的水土保持责任和水土保持规划的法律地位，突出了地方特色，更具可操作性和针对性。

2015年11月26日，省财政厅、省发展改革委、省水利厅和中国人民银行郑州中心支行联合印发了《河南省水土保持补偿费征收使用管理办法实施细则》（豫财综〔2015〕107号），明确了水土保持补偿费征收范围、主体、计征方式、缴库规定、使用管理及法律责任等内容。

2018年12月29日，省发展改革委、省财政厅、省水利厅联合印发了《关于我省水土保持补偿费收费标准的通知》（豫发改收费〔2018〕1079号），明确了水土保持补偿费计征方式和征收标准等内容。

2019年5月29日，省水利厅印发了《河南省生产建设项目水土保持监督检查管理办法（试行）》（豫水保〔2019〕20号）。

第三节　水土保持监督管理制度

一、规划征求意见制度

水土保持法第十五条规定："有关基础设施建设、矿产资源开发、城镇建设、公共服务设施建设等方面的规划，在实施过程中可能造成水土流失的，规划的组织编制机关应当在规划中提出水土流失预防和治理的对策和措施，并在规划报请审批前征求本级人民政府水行政主管部门的意见。"

相关规划征求水土保持意见非常重要：一是可以做好事前控制，预防水土流失；二是前移控制关口，从宏观上加强水土流失防治。加强事先预防保护，最大限度地把水土流失的隐患控制在规划决策阶段，从而规避生态风险。

二、水土保持方案制度

1. 水土保持方案及其法律规定

生产建设项目报批水土保持方案是水土保持法明确规定的法定事项，各相关方应依法落实这一法律制度。水土保持方案是生产建设单位就其在生产建设过程中履行水土保持法律责任的承诺和开展水土流失防治的整体安排。生产建设单位编报水土保持方案是法定义务。审批水土保持方案是水行政主管部门的法定职责。

2. 水土保持方案作用

水土保持方案有三个方面作用：一是约束生产建设活动和行为。水土保持方案批复文件和水土保持方案报告书中确定的防治目标、任务、措施、标准等都应在工程建设的后续阶段得到认真落实。二是指导生产建设项目做好水土流失防治

蒙华铁路（河南段）水土保持措施

工作。经批准的水土保持方案对生产建设项目的初步设计、施工组织、建设管理各阶段的水土流失防治，以及水土保持设施验收和水土保持管理等工作都有指导意义。三是为生产建设项目水土保持设施竣工验收提供重要依据。

3. 水土保持方案制度适用范围

水土保持法第二十五条规定：在山区、丘陵区、风沙区以及水土保持规划确定的容易发生水土流失的其他区域开办可能造成水土流失的生产建设项目，生产建设单位应当编制水土保持方案。这一规定的含义是：无论是在容易发生水土流失的山区、丘陵区、风沙区，还是在水土保持规划确定的容易发生水土流失的其他区域，开办生产建设项目应依法依规编报水土保持方案。

4. 水土保持方案报批时间

根据水土保持法及有关规定，生产建设单位未编制水土保持方案或者水土保持方案未经水行政主管部门批准的，生产建设项目不得开工建设。"开工"是指生产建设项目开始动工建设，只要有扰动地表、挖填土石方的活动，均应纳入开工前的水土保持管理范畴，必须在项目开工前报批水土保持方案。

5. 水土保持方案分类

根据国家有关规定，征占地面积在 5 公顷以上或者挖填土石方总量在 5 万立方米以上的生产建设项目应当编制水土保持方案报告书，征占地面积在 0.5 公顷以上 5 公顷以下或者挖填土石方总量在 1000 立方米以上 5 万立方米以下的项目编制水土保持方案报告表。

6. 水土保持方案编制

生产建设单位应承担编报水土保持方案的责任。生产建设单位可以自行编制水土保持方案，也可以委托有关技术单位编制。

应按照《生产建设项目水土保持技术标准》（GB 50433—2018）、《生产建设项目水土流失防治标准》（GB/T 50434—2018）等国家标准的规定编制水土保持方案。未编制水土保持方案或者水土保持方案未经水行政主管部门批准的，生产建设项目不得开工建设。

水土保持方案的变更。水土保持方案经批准后，生产建设项目的地点、规模发生重大变化的，或者水土保持措施需要作出重大变更的，应当补充或者修改水土保持方案并报原审批机关批准。

高速公路边坡水土保持措施

三、水土保持"三同时"制度

水土保持法规定，依法应当编制水土保持方案的生产建设项目中的水土保持设施，应当与主体工程同时设计、同时施工、同时投产使用。水土保持方案经审批后，水土保持措施应与主体工程同时开展初步设计、施工图设计等后续工作，以落实水土保持方案确定的目标、任务，作为水土保持措施实施的依据。水土保持"三同时"制度是督促生产建设单位在生产建设全过程落实水土保持要求的一种保障制度。

"同时设计"是指生产建设项目水土保持设施的设计要与项目主体工程设计同时进行，以保证其针对性、可操作性。"同时施工"是指水土保持措施应当与主体工

河南河口村水库弃渣场水土保持措施

程同步建设，避免导致严重的水土流失和崩塌、滑坡、泥石流等灾害。"同时投产使用"是指完成的水土保持措施与主体工程同时投产使用，以确保生产建设项目水土流失防治责任的全面落实，既发挥防治水土流失、恢复和改善生态环境的作用，也保障主体工程安全运行。

水土保持设施自主验收是水土保持"三同时"制度的重要内容，也是水土保持"三同时"制度能否得到贯彻落实的关键环节，同时也是检验生产建设项目是否按照批准的水土保持方案对建设活动造成的水土流失进行了有效的防治，防治的效果是否达到了水土保持法律规范的要求。

四、水土保持监测制度

按照水土保持法的规定，开展水土保持监测是大中型生产建设项目单位的法定义务。生产建设项目水土保持监测的目的是为监控水土流失状况、完善防治措施体系、防止发生水土流失危害事故，为水土保持设施检查与验收、保护等提供基础数据和依据。生产建设项目水土保持监测的主要任务是：及时、准确地掌握生产建设项目水土流失状况和防治效果；落实水土保持方案，优化水土流失防治措施；及时发现重大水土流失危害隐患，提出防治对策及建议；提供水土保持监督管理技术依据和公众监督基础信息。

生产建设单位负责生产建设项目的水土保持监测工作，可以自行或者委托具备水土保持监测能力的机构，对生产建设活动造成的水土流失进行监测，并将监测情况（监测季报、总结报告）定期上报水土保持方案批复机关和项目所在地水行政主管部门。生产建设单位应当在工程建设期间将水土保持监测季报在其官网公开，同时在业主项目部和施工项目部公开。水土保持监测工作应当遵守国家有关技术标准、规范和规程，保证监测质量。

利用无人机开展建设项目监测

五、水土保持监理制度

开展水土保持监理的目的是通过质量、进度、投资、合同、信息管理，协调建设单位与施工单位，保证水土保持工程的建设质量和时效。

依据水利部相关规定，凡主体工程开展监理工作的项目，应当按照水土保持监理标准和规范开展水土保持工程施工监理。其中，征占地面积在20公顷以上或者挖填土石方总量在20万立方米以上的项目，应当配备具有水土保持专业监理资格的工程师；征占地面积在200公顷以上或者挖填土石方总量在200万立方米以上的项目，应当由具有水土保持工程施工监理专业资质的单位承担监理任务。监理单位应根据国家有关规定和技术规范、批准的水土保持方案及工程设计文件，对水土保持工程进行质量、进度和投资控制，提出质量评定意见。

六、水土保持设施验收制度

开展生产建设项目水土保持设施验收是水土保持法的规定，是落实水土保持"三同时"制度的重要内容，水土保持设施验收是生产建设项目投产使用的法定前置条件，履行水土保持设施验收是生产建设单位的法定义务。

生产建设项目应当在投产使用前完成水土保持设施自主验收，并及时向水土保持方案批复机关进行报备。水土保持设施未经验收或者验收不合格的，生产建设项目不得投产使用。

第四节　水土保持补偿费征收与使用

水土保持补偿费制度是运用经济手段调节生产建设项目活动防治水土流失的重要措施，对于保护和合理利用水土资源、有效控制人为水土流失、促进人与自然和谐、维护和改善生态环境都具有重要意义。

一、水土保持补偿费制度概述

水土保持补偿费是指水行政主管部门对在山区、丘陵区、风沙区以及水土保持规划确定的容易发生水土流失的其他区域开办生产建设项目或者从事其他生产建设活动，损坏水土保持设施、地貌植被，不能恢复原有水土保持功能的单位和个人，征收专项用于水土流失防治的资金。

水土保持补偿费制度是指涉及水土保持补偿费的征收、使用与管理的一系列法律法规和规范性文件的总称。水土保持补偿费制度的本质作用就是通过水土保持补偿费的征收，提高人为破坏水土资源的成本，水土保持补偿费的性质实际上就是对水土保持功能损失的补偿。

二、水土保持补偿费征收范围和对象

水土保持法明确规定了应当征收水土保持补偿费的区域范围，包括 4 种区域类型，即山区、丘陵区、风沙区和水土保持规划确定的容易发生水土流失的地区。在这些区域内，对从事导致水土保持功能不能恢复的生产建设活动，必须征收水土保持补偿费。征收水土保持补偿费的具体范围主要包括：一是破坏了水土保持设施或地貌植被，造成水土流失；二是不能恢复原有水土保持功能，应当缴纳水土保持补偿费。

根据水土保持法和《水土保持补偿费征收使用管理办法》规定，水土保持补偿费征收的对象是开办生产建设项目或者从事其他可能造成水土流失活动的单位和个人。

三、水土保持补偿费征收主体

根据《水土保持补偿费征收使用管理办法》规定，水土保持补偿费的征收主体是县级以上地方水行政主管部门。开办生产建设项目的单位和个人，应当缴纳水土保持补偿费，由县级及以上地方水行政主管部门按照水土保持方案审批权限负责征收。

四、水土保持补偿费使用与管理

根据水土保持法的有关规定，水土保持补偿费必须专项用于水土流失预防和治理。

水土保持补偿费属行政事业性收费，其使用须按照国家相关规定要求，全额纳入财政预算，实行"收支两条线"管理。一是县级以上水行政主管部门做好年度预算，报同级财政主管部门审核。二是加强使用管理，做到专款专用，严禁截留、转移、挪用和随意调整。

五、水土保持补偿费征收和使用法律责任

根据水土保持法律法规，水土保持补偿费征收和使用的法律责任分为不依法征收、不依法缴纳和不依法使用3类。不依法征收水土保持补偿费的，要承担相应的行政性处分，涉嫌犯罪的依法移送司法机关；不依法缴纳水土保持补偿费的，由县级以上人民政府水行政主管部门依法追究，主要追究方式包括责令限期缴纳、收取滞纳金、罚款；不依法使用水土保持补偿费的，依法给予行政处分，涉嫌犯罪的，依法移送司法机关。

第五节　水土保持行政执法

一、水土保持行政执法概念

水土保持行政执法是指水土保持行政执法部门为执行法律法规及其他规范性文件的规定，对违犯水土保持法律法规的管理相对人采取的直接影响其权利义务，或者对相对人权利义务的行使和履行情况直接进行监督检查的具体行政行为。实质上是水土保持行政执法部门运用法律、行政、经济、教育等多种手段，执行和运用水土保持法律法规、政策及其他规范性文件，对人为造成水土流失和破坏水土保持设施的行为加以控制和制裁，并对管理相对人水土保持活动的合法性、有效性进行督导监察的行为。

二、水土保持行政执法主要内容

水土保持行政执法包括立案、调查取证、调查处理、文书送达、行政复议、行政诉讼、行政强制和结案等内容。

立案是水土保持行政执法部门认为生产建设项目单位和个人有违犯水土保持法律法规的事实发生，并且认为需要依法追究法律责任的，决定作为水土保持违法案件进行调查处理的一种准备活动。立案是调查处理水土保持违法案件的第一个程序，其主要任务是通过审查有关材料，确认是否有违法事实发生，是否依法

需要追究法律责任，是否具备立案条件等。

调查取证是指水土保持行政执法部门为准确、及时查明事实真相，对生产建设单位和个人的违法事实进行查证的过程。它贯穿于立案、调查、结案等过程当中，是水土保持行政执法部门作出处理或处罚决定的基础性工作，是水土保持行政执法程序中最核心的一环。

调查取证后，水土保持执法机关要对案件进行审查，内容包括违法事实是否清楚，证据是否确凿，调查取证是否符合法定程序，适用法律是否正确，拟作出的处理或者处罚是否适当。违法行为调查终结，水土保持执法人员应当就案件的事实、证据、处理依据和处理意见等，向水土保持执法机关提出书面报告，水土保持执法机关应当对调查结果进行审查，并根据情况作出行政处理、行政处罚、移送公安机关或者移送司法机关的决定。

文书送达是指水土保持行政执法部门依照法定程序，将有关水土保持行政执法文书送交有关单位或个人的法律行为。

行政复议是指水土保持行政管理相对人认为水土保持行政执法机关作出的具体行政行为侵犯其合法权益，按照法定的程序和条件向作出该具体行政行为的上一级行政机关提出申请，受理申请的行政机关对该具体行政行为是否合法、适当进行复查，并作出裁决的活动。

行政诉讼是指公民、法人或其他组织，认为水土保持行政机关及其工作人员的具体行政行为侵犯其合法权益时，向人民法院提起的行政诉讼。

行政强制是指行政主体为实现一定的行政目的，保障行政管理的顺利进行，对行政相对人的人身及财产自由、行为等采取的强制性具体行政行为的总和。水土保持法设定的行政强制主要包括查封、扣押实施违法行为的工具及施工机械、设备，水土保持行政代履行等。

承办人员在案件执行完毕后，应及时填写《案件结案报告》，经批准后结案。

第四章　水土保持监测

水土保持监测是水土流失预防和治理的基础，是强化行业监督管理、做好水土保持目标责任制考核的关键举措，是完善生态环境监测、落实国家生态保护与建设决策的重要支撑。水土保持监测可为国家制定生态建设宏观战略、实施重大工程提供重要依据，是社会公众了解、参与水土保持的重要途径。

第一节 水土保持监测概念

水土保持监测是指对自然因素和人为活动造成的水土流失及所采取的预防和治理措施的调查、实验研究、实时监视和长期观测,主要包括水土保持调查、水土保持动态监测和水土保持实验研究等。

一、水土保持调查

水土保持调查是指通过科学的方法、方式,充分掌握和占有第一手资料,全面接触、广泛了解和深度熟悉水土流失及其防治情况,以及相关影响因素的状况,在去粗取精、去伪存真的基础上,客观反映水土流失及其预防、治理的历史、现状和发展规律的一种科学工作方法。

水土保持调查不仅可获得区域社会经济状况、土壤侵蚀类型及危害、水土流失影响因素、土地利用类型、水土流失预防和治理等动态变化情况,也能获取水土保持政策落实、执法监督、公众认识等多方面的资料,是一种综合性基础调查方法。

二、水土保持实验研究

水土保持实验研究是运用科学实验的原理和方法,以水土保持理论及假设为指导,有目的地设计、控制某个或某些因素或条件,观察水土流失影响因素、水土保持措施与流失量、防治效果之间的因果关系,从中探索、了解和掌握水土流失规律、水土保持规律及预测预报技术、方法的活动和实践。

三、水土保持动态监测

水土保持动态监测是指对水土流失及其防治情况或者其中一部分,进行实时监视、实时测试、长期观测,或者针对水土流失及其防治情况或者其中一部分,设计确定对应的技术手段、途径和频率,进行高频率、周期性、长期性的监视与测试观测。

由于水土保持监测对象具有多样性和区域的广泛性,水土保持动态监测是一个复杂的系统工程，正在随着水土流失地面自动观测技术、高分遥感技术、无人机技术、区域抽样技术、信息技术等现代先进技术的发展而不断地加速发展。水土保持动态监测具有多维度结构、多时相状态、多尺度规模的特点，能够更好地掌握不同空间规模和不同时间尺度的水土流失及其防治的状况，可为各个层次的水土保持调查、规划、综合治理提供基础数据，服务于政府决策、经济社会发展和社会公众。

鲁山水土保持监测站点径流小区　　　　　　　　　罗山水土保持监测站点径流小区

第二节　水土保持监测内容与作用

一、水土保持监测目的

水土保持监测目的主要有四个方面：一是查清水土流失状况，包括查清监测区域内的主要水土流失类型，监测区域内的主要水土流失形式，水土流失强度、面积和空间分布，水土流失潜在危险程度，水土流失危害情况。二是预报土壤流失量，通过长期监测和大量监测数据资料的积累，从中分析水土流失与各种影响因素之间的关系，构建土壤侵蚀定量预报模型，预报土壤流失量。三是评价水土流失防治成效，通过水土保持监

嵩县水土保持监测站点径流小区

测，能够准确获得水土保持工程实施进度、质量状况，评价不同措施配置对水土流失防治效果，为同类地区科学开展规划、设计和治理提供指导，分析宏观水土保持效益，为水土保持规划或可行性研究提供依据。四是跟踪生产建设项目水土保持动态，开展生产建设项目水土保持监测，及时掌握项目水土流失发生时段、强度和空间分布等情况，了解水土保持措施效果，积累大量的实测资料，为同类生产建设项目水土流失预测和制定防治措施体系提供借鉴，为各级水行政主管部门有针对性地开展监督管理提供依据，为项目水土保持设施专项验收提供支撑。

二、水土保持监测内容

水土保持监测的内容不仅涉及水土流失及其影响因素、综合防治措施及其效益，而且因工作需求不同，监测的对象、范围和内容又各有侧重。

1.基本监测内容

水土保持监测的基本内容主要包括水土流失影响因素、水土流失状况、水土流失危害、水土保持措施及效益等四个方面。水土流失影响因素监测，包括自然因素和人为活动因素两类。水土流失状况监测，包括水土流失类型、形式、分布、面积、强度，以及水土流失发生、运移堆积的数量和趋势。水土流失危害监测，主要包括水土资源破坏、泥沙（风沙、滑坡等）淤积危害等。水土保持措施监测主要包括实施治理措施的类型、名称、规模、分布、数量和质量状况等，水土保持效益监测包括生态效益、经济效益和社会效益等方面。

2.专题监测内容

根据监测对象的不同，在全面开展水土保持基本监测内容的基础上，还可开

坡耕地水土流失监测　　　　　　　　　水土保持措施监测

展专题水土保持监测，主要包括区域监测、中小流域监测、生产建设项目监测等，根据需要，设置每种监测的具体内容。

三、水土保持监测作用

1. 服务政府决策

水土流失状况是衡量水土资源和生态环境优劣程度，以及经济社会可持续发展能力的重要指标，扎实开展水土保持监测，及时、准确地掌握水土流失动态变化，分析和评价重大生态工程治理成效，定量分析和评价水土流失与资源、环境和经济社会发展的关系，水土流失与粮食安全、生态安全、国土安全、防洪安全、饮水安全的关系，水土流失与"三农"问题和新农村建设的关系，水土流失与贫困的关系，有利于各级政府科学制定各项经济社会战略发展规划、国家生态文明建设宏观战略和相关政策法规，协调推进经济社会持续健康发展；有利于深入开展水土保持政府目标责任制，全面加强政府绩效管理与考核；有利于全面提高水土流失防灾减灾等国家应急管理能力，切实保障人民群众生命财产安全。

2. 服务经济社会发展

水土保持是保护水土资源可持续利用、维护生态协调的最有效手段，是衡量资源环境和经济社会可持续发展的重要指标，是全面建成小康社会的重要基础，在国民经济和社会发展中占有非常重要的地位。通过开展水土保持监测，不断掌握水土资源状况及其消长变化，科学测算绿色GDP，科学分析评估各项经济社会建设对水土流失及水土保持生态建设、环境保护的影响，可以为国家制定经济社会发展规划、

风力侵蚀观测

调整经济发展格局与产业布局、保障经济社会的可持续发展提供重要技术支撑，促进经济结构调整和增长方式转变，推动资源节约型、环境友好型社会建设，实现人与自然的和谐发展。

3. 服务社会公众

随着经济社会的发展进步，社会公众了解和参与公共事务管理的意识不断增强。同时，为有效提高政府的执行力和公信力，各级政府也在不断调整行政管理体制机制，加大信息的公开度和透明度，切实增强政府的社会公众服务能力和依法行政水平。水土保持监测作为一项政府公益事业，为社会公众了解、参与水土保持生态建设提供了一条重要途径，通过水土保持监测，定期获取国家、省、市、县等不同层次的水土流失动态变化及其治理情况信息，建立信息发布服务体系，并予以定期公告。可以使公众及时了解水土流失、水土保持对生活环境的影响，满足社会公众对水土保持生态建设状况的知情权、参与权、监督权，增强社会公众的水土保持意识，完善水土保持生态治理机制，推动健全水土保持监督机制。

野外径流对比观测区

第三节　河南省水土保持监测

经过多年的发展,河南建成了覆盖全省水土流失类型区的水土保持监测网络，开展了全省水土流失监测工作和水土保持公报编制发布工作，推动监测点监测工作制度、监测数据录入和上报的标准化建设，出台水土保持监测技术标准与规范，配合国家开展了全省土壤侵蚀遥感调查。加快新技术新设备应用，有效推进了各项工作开展，构建了多尺度、多类型、多要素、全覆盖的小流域综合监测体系，实现了监测数据自动化整编和填报、审核、交叉审核等多级管理。

一、河南省水土保持监测网络建设

河南省水土保持监测工作始于 20 世纪 50 年代，最早是对水土流失基础资料进行观测和收集；20 世纪 80 年代初成立了河南省水土保持科学研究所，全面开展水土保持监测和试验研究工作；20 世纪 80 年代开始陆续配合国家开展了四次全省水土流失调查。河南省水土保持监测经历了 3 个阶段：一是试验调查阶段。1956 年河南省创建了水土保持试验站，开始了水土流失基础资料的观测和收集，并积极配合第一次全国范围大规模的水土流失普查工作，初步掌握了河南省土壤侵蚀状况。1966—1976 年，全省各级水土保持机构被撤销，人员解散，资料流失，试验中断。二是探索发展阶段。1980 年开始，河南省逐步恢复和建立了不同类型区的水土保持科学试验站，1984 年成立了河南省水土保持科学研究所，开展了水土保持监测和试验研究工作；全省水土保持试验观测工作全面发展。期间 1988、1999 年开展了 2 次水土保持遥感普查。该阶段在恢复和建立一批水土保持试验站的基础上，系统开展了水土流失定位观测，较好地掌握了全省水土流失发生、发展的规律，但仍缺乏覆盖全省的水土保持监测网络和地面观测。三是快速发展阶段。2011 年 3 月 1 日起施行修订后的水土保持法，进一步明确了水土保持监测工作的重要地位和作用，河南省水土保持监测工作步入快速发展阶段。2011 年开展了第四次水土保持遥感普查，也是国务院组织的第一次全国水利普查中的一个专项普查。2018 年起，组织开展了全省水土流失动态监测工作，首次实现了水土

三门峡市水保部门开展水土保持监测分析

流失动态监测省域全覆盖，全面查清了水土流失家底，扭转了水土流失监测数据匮乏的局面，为水土保持工作和目标责任考核提供了重要的基础支撑，为实现水

土流失趋势变化分析打下了坚实基础。

2002、2007 年，国家实施了两期全国水土保持监测网络和信息系统工程建设，河南省被列为第二期实施省份。至 2018 年，河南省初步建成了由 1 个总站、7 个监测分站和 29 个监测点构成的监测网络，监测站点配备了数据采集与处理、管理与传输等设备，并依托水利信息网、互联网基本实现了数据的互联互通，初步建成了覆盖全省主要水土保持区划、布局较为合理、功能较完备的，以"3S"技术和计算机网络等现代信息技术为支撑的水土保持监测网络系统。

南召新寺沟水土保持监测控制站

嵩县胡沟小流域水土保持监测控制站

总站 1 个，即河南省水土保持监测总站。分站 7 个，包括：信阳分站，主要监测淮河流域大别山、桐柏山区；南阳分站，主要监测长江流域伏牛山地区；洛阳分站，主要监测黄河流域的熊耳山地区；三门峡分站，主要监测黄河流域崤山地区；安阳分站，主要监测海河流域太行山区；平顶山分站，主要监测淮河流域伏牛山东麓区域；济源分站主要监测黄河流域中条山地区。

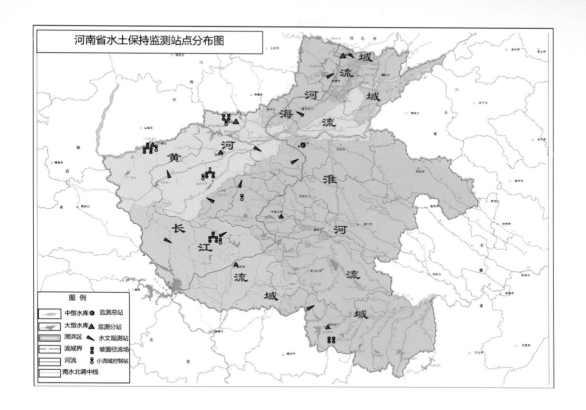

二、水土保持监测成果管理

水土保持监测成果管理是对监测采集的数据进行分类、编码、录入、传输、存储、建库、检索、分析和整编、汇编等一系列活动的统称，是水土保持监测工作不可分割的一部分。

根据水利部有关规定，水土保持监测成果管理由水土保持监测管理机构统一负责。一是监测数据上报。下级监测机构向上级监测机构报告本年度监测数据及其整编成果。二是监测资料整编和数据库建设。资料整编是将每年或者多年的水土

嵩县水土保持监测站产流观测

保持监测原始资料，经过分析整理，按照科学的方法、统一标准、格式，以规范、易懂和便于应用的一系列表格和图件形式编辑成册，供水土保持行业以及相关领域管理和研究人员使用。

三、水土保持监测成果应用

国家和省级水土保持监测成果实行定期公告制度，监测公告分别由水利部和省级水行政主管部门依法发布。监测公告的主要内容：水土流失面积、分布状况和流失程度，水土流失危害及发展趋势，水土保持情况及效益等。国家水土保持公告定期发布，重点省、重点区域、重大生产建设项目的监测成果根据实际需要发布。河南省自2006年开始，每2年发布一次水土保持公报。水土保持公报为生态文明建设决策、经济社会发展规划提供了基础资料，满足了社会公众对水土保持状况的知情权，取得了良好的社会效益和影响。

河南省水土保持公报

第五章　水土保持人人参与

　　1993 年国务院《关于加强水土保持工作的通知》中，明确指出"水土保持是山区发展的生命线，是国土整治、江河治理的根本，是国民经济和社会发展的基础，是我们必须长期坚持的一项基本国策"。党的十八大确立了经济建设、政治建设、文化建设、社会建设和生态文明建设"五位一体"总体布局，随后，中央提出加快建立系统完整的生态文明制度体系，要求用严格的法律制度保护生态环境，出台关于加快推进生态文明建设的意见、党政领导干部生态环境损害责任追究办法和生态文明建设目标评价考核办法，制定生态文明建设考核目标体系和绿色发展指标体系，划定生态保护红线等，我国生态文明建设进入了发展的快车道。搞好水土保持，防治水土流失，为建设生态文明和美丽中国作贡献，需要人人参与、全社会支持。

第一节 习近平生态文明思想

一、习近平生态文明思想内涵

党的十八大以来，习近平总书记从我国的长远利益和根本利益出发，在长期工作实践认识的基础上，站在坚持和发展中国特色社会主义、实现中华民族伟大复兴中国梦的战略高度，深刻回答了为什么建设生态文明、建设什么样的生态文明、怎样建设生态文明等重大理论和实践问题，系统形成了习近平生态文明思想，主要包括：一是生态兴则文明兴，生态衰则文明衰。建设生态文明是关系中华民族永续发展的根本大计，功在当代、利在千秋，关系人民福祉，关乎民族未来。二是坚持人与自然和谐共生。人与自然是生命共同体。生态环境没有替代品，用之不觉，失之难存。必须尊重自然、顺应自然、保护自然，像保护眼睛一样保护生态环境，像对待生命一样对待生态环境，推动形成人与自然和谐发展的现代化建设新格局，还自然以宁静、和谐、美丽。三是坚持绿水青山就是金山银山理念。绿水青山既是自然财富、生态财富，又是社会财富、经济财富。保护生态环境就是保护生产力，改善生态环境就是发展生产力。必须坚持和贯彻绿色发展理念，平衡和处理好发展与保护的关系，加快形成节约资源和保护环境的空间格局、产业结构、生产方式、生活方式，坚定不移走生产发展、生活富裕、生态良好的文明发展道路。四是坚持良好生态环境是最普惠的民生福祉。环境就是民生，青山就是美丽，蓝天也是幸福。要坚持生态惠民、生态利民、生态为民，重点解决损

确山县老乐山水土保持生态清洁小流域

害群众健康的突出环境问题，加快改善生态环境质量，提供更多优质生态产品，努力实现社会公平正义，不断满足人民日益增长的优美生态环境需要。五是坚持山水林田湖草是生命共同体。生态是统一的自然系统，是相互依存、紧密联系的有机整体。人的命脉在田，田的命脉在水，水的命脉在山，山的命脉在土，土的命脉在树，这个生态共同体是人类生存发展的物质基础。要从系统工程和全局角度寻求新的治理之道，统筹兼顾、整体施策、多措并举，全方位、全地域、全过程开展生态文明建设。六是用最严格制度最严密法治保护生态环境。保护环境必须依靠制度、依靠法治。必须构建产权清晰、多元参与、激励约束并重、系统完整的生态文明制度体系，要加快制度创新，增加制度供给，完善制度配套，强化制度执行，让制度成为刚性的约束和不可触碰的高压线。七是坚持建设美丽中国全民行动。美丽中国是人民群众共同参与共同享有的事业。必须加强生态文明宣传教育，牢固树立生态文明价值观念和行为准则，把建设美丽中国化为全民自觉行动。八是共谋全球生态文明建设。生态文明建设关乎人类未来，建设绿色家园是人类的共同梦想，保护生态环境、应对气候变化需要世界各国同舟共济、共同努力，任何一国都无法独善其身。要推动全球生态环境治理，建设清洁美丽世界。

南阳市水土保持生态修复

二、习近平关于生态文明的系列论述

习近平同志对生态环境工作历来都十分重视。在河北正定、福建、浙江、上海等地工作期间，都把这项工作作为一项重大工作来抓。2012 年，党的十八大首次把"美丽中国"作为生态文明建设的宏伟目标，把生态文明建设摆上了中国特色社会主义"五位一体"总体布局的战略位置。党的十八大以来，习近平总书记在多个场合，都强调建设生态文明、维护生态安全。

习近平同志在 2006 年 3 月 23 日《浙江日报》的《之江新语》专栏撰文指出，人们对于绿水青山与金山银山之间关系的认识，经历了三个阶段：第一个阶段是用绿水青山去换金山银山，不考虑或者很少考虑环境的承载能力，一味索取资源；第二个阶段是既要金山银山，但也要保住绿水青山，这时候经济发展与资源匮乏、环境恶化之间矛盾开始凸显出来，人们意识到环境是我们生存发展的根本，要留得青山在，才能有柴烧；第三个阶段是认识到绿水青山可以源源不断地带来金山银山，绿水青山就是金山银山，我们种的常青树就是摇钱树，生态优势变成经济优势，形成了一种浑然一体、和谐统一的关系。

2014 年 3 月 14 日，习近平总书记在中央财经领导小组第五次会议上的讲话，对治水兴水作出重要论述。他指出，要坚持人口、经济与资源环境相均衡的原则。建设生态文明，首先要从改变自然、征服自然转向调整人的行为、纠正人的错误

方城县大河口水土保持生态清洁小流域

行为。做到人与自然和谐，天人合一，不要试图征服老天爷。保障水安全，必须坚定不移地贯彻党的十八大和十八届三中全会提出的一系列生态文明建设和生态文明制度建设的新理念、新思路、新举措。治水要有新内涵、新要求、新任务，坚持"节水优先、空间均衡、系统治理、两手发力"的思路，实现治水思路的转变。坚持山水林田湖草是一个生命共同体的系统思想，统筹山水林田湖草治理。2017年10月18日，习近平总书记在中国共产党第十九次全国代表大会上的报告指出："建设生态文明是中华民族永续发展的千年大计。必须树立和践行绿水青山就是金山银山的理念，坚持节约资源和保护环境的基本国策，像对待生命一样对待生态环境，统筹山水田林湖草系统治理，实行最严格的生态环境保护制度，形成绿色发展方式和生活方式，坚定走生产发展、生活富裕、生态良好的文明发展道路，建设美丽中国，为人民创造良好生产生活环境，为全球生态安全作出贡献。"

三、习近平有关水土保持工作的论述

习近平同志在地方主政期间，就水土保持工作作出过许多重要论述、批示指示。1998年元旦，时任福建省委副书记的习近平为长汀县水土流失治理题词"治理水土流失，建设生态农业"。1999年11月27日，时任福建省委副书记、代省长的习近平专程到长汀视察、指导水土保持工作，发出"滴水穿石，人一我十"的号召，决心治理水土流失。2000年1月8日，时任福建省委副书记、代省长的习近平在《关于请求重点扶持长汀县百万亩水土流失综合治理的请示》中批示：搞好水土保持是可持续发展战略的一项重要内容，应引起我们的高度重视；同意将长汀县百万亩水土流失综合治理列入省政府为民办实事项目和上报长汀县为国家水土保持重点县，连续十年实施治理。2001年10月13日，时任福建省委副书记、省长的习近平再次亲临长汀调研水土流失治理工作。在长汀县水土保持科技示范园，看到他捐种的香樟树已长得枝繁叶茂、绿意盎然时，十分高兴，对在场人员说："水土保持是生态省建设的一项重要内容，对水土流失特别严重的地方要重点治理，以点带面。长汀水土流失治理要锲而不舍地抓下去，认真总结经验，对全省水土保持工作起到典型示范作用。"2001年10月19日，时任福建省委副书记、省长

的习近平在龙岩市人民政府《关于要求将我市长汀县水土流失综合治理列入省生态环境建设长期规划并继续给予专项治理资金扶持的请示》上对长汀水土保持工作再一次作出重要批示：再干八年，解决长汀水土流失问题；应纳入国民经济规划，请省计委安排。2003 年 6 月，习近平在浙江省水利和防汛工作汇报会上的讲话中指出："搞好水土保持、防治水土流失，是治水事业的一项根本性措施，也是改善和保护生态环境的一项紧迫而长期的战略任务。要以小流域为单位，因地制宜，统一规划，采取工程措施、植物措施、耕作措施等各种措施相结合，坚持不懈地进行综合治理，让我省更多的地方真正呈现出水清、岸绿的水乡风貌。"

习近平同志捐资栽植的香樟树

习近平同志到中央工作后，依然关注和关心水土保持工作。2011 年 12 月 10 日，《人民日报》刊发《从荒山连片到花果飘香——福建长汀十年治荒 山河披绿》的文章，时任中共中央政治局常委、国家副主席的习近平在文章上批示："请有关部门深入调研，提出继续支持推进的意见。"2012 年 1 月 8 日，时任中共中央政治局常委、国家副主席的习近平在中央七部委联合调查组提交的《关于支持福建长汀推进水土流失治理工作的意见和建议》上批示："同意中央七部委调查组关于支持福建长汀推进水土流失治理工作的意见和建议。长汀县曾是我国南方红壤区水土流失最严重的县份之一，经过十余年的艰辛努力，水土流失治理和生态保护建设取得成效，但仍面临艰巨的任务。长汀县水土流失治理正处在一个十分重要的节点上，进则全胜，不进则退，应进一步加大支持力度。要总结长汀经验，推进全国水土流失治理工作。"2015 年 2 月，习近平总书记在陕西延安延川县梁家河村视察调研时，对随行的地方领导说，淤地坝是流域综合治理的一种有效形式，既可以增加耕地面积、提高农业生产能力，又可以防止水土流失，要因地制宜推行。2016 年 1 月 5 日，习近平总书记在重庆召开的推动长江经济带发展座谈会上的讲话指出："长江拥有独特的生态系统，是我国重要的生态宝库。当前和今后相当长一个时期，要把修复长江生态环境摆在压倒性位置，共抓大保护，不搞大开发。要把重大生态修复工程作为推动长江经济带发展项目的优先选项，实施好长江防护林体系建设、水土流失及岩溶地区石漠化治理、退耕还林还草、水土保持、河湖和湿地生态保护修复等工程，增强水源涵养、水土保持等生态功能。要用改革创新的办法抓长江生态保护。"2017 年 10 月 18 日，习近平总书记在中国共产党第十九次全国代表大会上的报告指出："加大生态系统保护力度。实施重要生态系统保护和修复重大工程，优化生态安全保障体系，构建生态廊道和生物多样性保护网络，提升生态系统质量和稳定性。完成生态保护红线、永久基本农田、城镇开发边界三条控制线划定工作。开展国土绿化行动，推进荒漠化、石漠化、水土流失综合治理，强化湿地保护和恢复，加强地质灾害防治。完善天然林保护制度，扩大退耕还林还草。严格保护耕地，扩大轮作休耕试点，健全耕地草原森林河流湖泊休养生息制度，建立市场化、多元化生态补偿机制。"2018 年 3 月 5 日，习近平总书记在参加内蒙古代表团审议时强调，"要加强生态环境保护建设，统筹山水林田湖草治理，精心组织实施京津风沙源治理、'三北'防护林建设、天然林保护、退耕还林、退牧还草、水土保持等重点工程，实施好草畜平衡、禁牧休牧等制度，加快呼伦湖、乌梁素海、岱海等水生态综合治理，加强荒漠化治理和湿地保护，加强气、水、土壤污染防治，在祖国北疆筑起万里绿色长城。"

信阳大别山茶园水土保持工程

2019 年 9 月 18 日，习近平总书记在郑州主持召开了黄河流域生态保护和高质量发展座谈会并发表重要讲话，他指出，要坚持绿水青山就是金山银山的理念，坚持生态优先、绿色发展，以水而定、量水而行，因地制宜、分类施策，上下游、干支流、左右岸统筹谋划，共同抓好大保护，协同推进大治理，着力加强生态保护治理、保障黄河长治久安、促进全流域高质量发展、改善人民群众生活、保护传承弘扬黄河文化，让黄河成为造福人民的幸福河。黄河流域生态保护和高质量发展，同京津冀协同发展、长江经济带发展、粤港澳大湾区建设、长三角一体化发展一样，是重大国家战略。加强黄河治理保护，推动黄河流域高质量发展，积极支持流域省区打赢脱贫攻坚战，解决好流域人民群众特别是少数民族群众关心的防洪安全、饮水安全、生态安全等问题，对维护社会稳定、促进民族团结具有重要意义。治理黄河，重在保护，要在治理。要坚持山水林田湖草综合治理、系统治理、源头治理，统筹推进各项工作，加强协同配合，推动黄河流域高质量发展。黄河生态系统是一个有机整体，要充分考虑上中下游的差异。上游要以三江源、祁连山、甘南黄河上游水源涵养区等为重点，推进实施一批重大生态保护修复和建设工程，提升水源涵养能力。中游要突出抓好水土保持和污染治理，有条件的地方要大力建设旱作梯田、淤地坝等，有的地方则要以自然恢复为主，减少人为干扰，对污染严重的支流，要下大气力推进治理。下游的黄河三角洲要做好保护工作，促进河流生态系统健康，提高生物多样性。

洛阳城市水土保持生态建设

　　通过习近平同志在不同时期、不同岗位、不同地方任职时对生态文明及对水土保持工作的论述，体现了他一以贯之地重视生态文明建设和水土保持工作。实际上，在他下乡到陕西延川县梁家河任村支书时就带领群众开展水土保持工作，治山治水，治沟打坝，建设沼气，栽种果树，发展生产。知青淤地坝至今还在为梁家河村农业生产发挥着重要作用。习近平身体力行、驰而不息地关注和推动生态文明建设及水土保持工作，为各级领导作出了表率，树立了榜样。

第二节　水土保持法基本要求

一、水土保持法立法目的

　　水土保持法第一条："为了预防和治理水土流失，保护和合理利用水土资源，减轻水、旱、风沙灾害，改善生态环境，保障经济社会可持续发展。"规定了该法立法目的。

我国水土流失量大面广，危害严重，必须加强治理。根据 2018 年全国水土流失动态监测成果，2018 年全国水土流失面积 273.69 万平方公里，占国土面积（不含港澳台）的 28.6%，治理成效很大，但依然任重道远。水土流失遍布全国各地，不仅发生在山区、丘陵区、风沙区、农村地区，而且平原地区、沿海地区、城市、开发区和工矿区也大量存在。此外，大规模的生产建设项目会大量扰动土地，造成弃渣弃土，如不加以治理，则危害严重。如果水土流失得不到有效治理，水土资源就不能持续利用，生态环境就不能持续维护，长期困扰我国大部分地区的干旱、洪涝问题就得不到有效解决，广大水土流失区经济社会就不可能稳定、健康发展，不但会严重影响国家的生态安全、粮食安全、饮水安全和生态文明建设，而且会丧失人们赖以生存和发展的基础。因此，应重视和加强水土保持工作，加快水土流失防治步伐，为经济社会可持续发展和建设美丽中国提供支撑和保障。

立法目的主要包含四个方面内容：

一是预防和治理水土流失。防治水土流失，预防为先，保护为要。首先要对生态环境良好，但水土流失潜在威胁较大区域加强保护，控制水土流失的发生发展。其次是对可能产生水土流失的人为活动，实行严格监管，防止产生人为新增水土流失。同时，对自然因素造成的水土流失进行综合治理，提高土地生产能力，恢复生态环境。

二是保护和合理利用水土资源。水土资源是人类赖以生存和发展的基础性资源。保护和合理利用水土资源，对于防止水土流失、维护和提高区域水土保持功能、保护和改善生态环境、建设生态文明和美丽中国具有重要意义。保护和合理利用水土资源必须改变落后、粗放和竭泽而渔的利用方式，摈弃重开发、轻保护，重眼前、轻长远的传统观念和做法，坚持保护和开发相结合，实现水土资源的可持续利用。

三是减轻水、旱、风沙灾害，改善生态环境。水土流失是土地退化和生态恶化的主要形式，也是土地退化和生态恶化程度的集中反映。只有有效防治水土流失，才能从源头上减少水、旱、风沙灾害发生的频率，降低危害程度，达到维护和改善生态环境的目的。

四是保障经济社会可持续发展。实现水土资源的可持续利用和生态环境的可持续维护，保障经济社会可持续发展是水土保持工作的根本目标。保护水土资源，建设良好生态，才能够确保人口、资源、环境和经济社会的协调发展。

新县水土保持宣传牌

二、水土保持法适用范围

水土保持法第二条："在中华人民共和国境内从事水土保持活动，应当遵守本法。本法所称水土保持，是指自然因素和人为活动造成水土流失所采取的预防和治理措施。"规定了该法的适用范围。

第一，本条第一层的内容是对该法适用的地域范围和对人、事的适用范围作出了规定，主要包含两个方面意思：一是本法适用的地域范围是中华人民共和国境内。二是本法适用的主体范围，包括一切从事水土保持活动的单位和个人。

81

第二，本条第二层的内容规定了水土保持的法律概念，即对自然因素和人为活动造成水土流失所采取的预防和治理措施。至少有四方面的含义：自然水土流失的预防、自然水土流失的治理、人为水土流失的预防和人为水土流失的治理。

水土保持法宣传进乡村

三、水土保持工作方针

水土保持法第三条："水土保持工作实行预防为主、保护优先、全面规划、综合治理、因地制宜、突出重点、科学管理、注重效益的方针。"规定了水土保持工作方针。

第一，水土保持工作方针是指导水土保持工作开展的总则，涵盖了水土保持工作的全部内容，是我国开展水土保持实践的经验结晶。

第二，水土保持工作方针有四个层次的含义：

"预防为主、保护优先"为第一层次，确立了预防保护在水土保持工作中的重要地位。在水土保持工作中，首要的是预防产生新的水土流失，先保护好原有植被和地貌，把人为活动产生新的水土流失控制在最低程度，不能走先破坏后治理的老路。

"全面规划、综合治理"为第二层次，要求开展水土流失治理必须做好全面规划、统筹协调、综合治理，体现了水土保持工作的全局性、长期性、科学性和水土保持措施的综合性。

"因地制宜、突出重点"为第三层次，要求水土保持工作必须从实际出发，各地应当根据各自的自然和社会经济条件，分类指导，科学确定水土流失防治目标和措施。我国水土流失防治任务艰巨，必须突出重点，以点带面，整体推进。

"科学管理、注重效益"为第四个层次，要求水土保持工作必须讲究科学，注重效益，效果要好。水土保持管理要跟上时代发展步伐，更新手段，提高效率。在防治水土流失工作中要统筹生态效益、经济效益和社会效益，妥善处理国家生态建设、区域社会发展与当地群众增加经济收入需求之间的关系，充分调动各方面参与水土保持工作的积极性。

三门峡水土保持宣传展板

四、各级人民政府水土保持工作责任

水土保持法第四条："县级以上人民政府应当加强对水土保持工作的统一领导，将水土保持工作纳入本级国民经济和社会发展规划，对水土保持规划确定的任务，安排专项资金，并组织实施。国家在水土流失重点预防区和重点治理区，实行地方各级人民政府水土保持目标责任制和考核奖惩制度。"规定了县级以上人民政府的水土保持工作主体责任和主导作用。

第一，加强和做好水土保持工作是政府的重要职责。水土保持事关国计民生，是可持续发展的重要措施，是我国的一项基本国策。水土保持的艰巨性、长期性、公益性和普惠性，决定了水土保持任务的落实不能完全靠市场经济机制来完成，必须发挥政府的组织引导作用，综合运用经济、技术、政策、行政和法律等各种手段，组织和调动社会各方面力量，完成水土保持规划所确定的目标和任务。

第二，把水土保持工作纳入国民经济和社会发展规划是法律对政府开展水土保持工作的具体要求。各级政府要把水土保持工作纳入议事日程，把水土保持规划所确定的目标和任务纳入各级国民经济和社会发展规划，并在财政预算中安排水土保持专项资金，是确保水土保持规划实施的重要前提条件。

第三，建立和完善政府目标责任制是强化政府水土保持职责的重要保障。对水土流失重点防治区地方人民政府实行水土保持目标责任制和考核奖惩制度，是强化水土保持政府管理责任，推动水土保持工作顺利开展的重要举措和制度保障。

五、水土保持管理体制

水土保持法第五条："国务院水行政主管部门主管全国的水土保持工作。国务院水行政主管部门在国家确定的重要江河、湖泊设立的流域管理机构（以下简称流域管理机构），在所管辖范围内依法承担水土保持监督管理职责。县级以上地方人民政府水行政主管部门主管本行政区域的水土保持工作。县级以上人民政府林业、农业、国土资源等有关部门按照各自职责，做好有关的水土流失预防和治理工作。"规定了水土保持工作的管理体制。

第一，水行政主管部门主管水土保持工作。

第二，明确了流域管理机构的水土保持职责。

第三，明确了相关部门的水土保持职责。水土流失防治是一项综合性很强的工作，需要相关部门的密切配合和支持。林业主管部门组织植树造林和防沙治沙工作，配合水行政主管部门做好林区采伐林木水土流失防治工作；农业主管部门主要组织做好水土保持耕作措施；国土资源主管部门主要组织做好滑坡、泥石流等重力侵蚀的防治工作；发改、财政、环保等主管部门配合做好相关工作；交通、铁路等主管部门要组织做好生产建设项目活动中的水土流失防治工作。

六、水土保持宣传和教育工作

水土保持法第六条："各级人民政府及其有关部门应当加强水土保持宣传和教育工作，普及水土保持科学知识，增强公众的水土保持意识。"规定了各级人民政府及其相关部门必须加强水土保持宣传和教育工作。

第一，增强社会公众水土保持意识是一项重要的政府职责。做好水土流失防治具有长期性、艰巨性、技术性、综合性和公益性，需要政府和社会公众的高度重视和广泛参与。因此，各级政府要加强组织领导，做好水土保持宣传教育工作，普及水土保持科学知识，增强全社会的水土流失危机感、防治水土流失的责任感、紧迫感。

第二，加强水土保持宣传教育、普及水土保持科学知识是增强公众水土保持意识的重要途径。通过政府引导组织开展水土保持宣传教育，增强全民的水土保持意识，形成水土保持人人有责，自觉维护、珍惜、合理利用水土资源的良好社会氛围。要让公众了解水土流失知识，掌握水土保持技能，使每个单位、每个人在日常生产生活中都能自觉地开展水土流失防治，成为水土保持的参与者、推动者、监督者和贡献者。

河南省卢氏县水土保持宣传牌

第三，应该采取各种措施加强水土保持宣传教育。通过水土保持进机关、进党校、进企业、进社区、进学校等阵地，提高全社会的水土保持意识。特别是要抓好以中小学为主的水土保持知识教育，提高中小学生的综合素质，培育青少年的全面价值观，水土资源保护观、节约观。同时，抓好水土保持进党校工作，抓住党政领导干部这一水土保持工作的主要推动者、决策者，提高对水土保持工作的认识，争取对水土保持工作的支持，就会事半功倍，费省效宏。

河南省水利厅在郑州市紫荆山公园宣传水土保持法

七、水土保持科研和技术推广工作

水土保持法第七条："国家鼓励和支持水土保持科学技术研究，提高水土保持科学技术水平，推广先进的水土保持技术，培养水土保持科学技术人才。"规定表明国家鼓励和支持水土保持科研和技术推广。

第一，政府鼓励和支持水土保持科学研究是加快水土保持工作持续健康发展的根本保证。各级政府及其职能部门在经费、场地及创造良好科研环境等方面应给予支持。

第二，水土保持科学研究是水土保持事业的重要支撑。水土流失的发生发展受到地质、土壤、植被、地形、降雨等一系列因子的影响，极为复杂，必须开展持续、深入研究，才能不断掌握水土流失规律，创新水土保持技术和方法，为水土流失防治工作提供理论依据和技术支撑。

第三，加强技术推广是搞好水土保持工作的客观需要。把新材料、新工艺、新技术应用到水土保持生产实践，会大大加快水土流失防治速度。由于水土保持的公益性和普惠性，水土保持在新技术、新品种推广等方面更加需要得到政府的大力支持。

第四，培养水土保持科技人才是水土保持事业发展的根本保障。人才是创新发展的第一资源，开展水土保持科学研究和技术推广都离不开水土保持科学技术人才。

八、单位和个人水土流失防治义务及监督

水土保持法第八条："任何单位和个人都有保护水土资源、预防和治理水土流失的义务，并有权对破坏水土资源、造成水土流失的行为进行举报。"规定了单位和个人水土流失防治义务及监督举报权利。

第一，任何单位和个人都有保护水土资源、预防和治理水土流失的义务，包括对现有的水土资源进行保护、对自身生产建设项目可能产生的水土流失进行预防和对已经产生的水土流失进行治理等。

第二，任何单位和个人都有保护水土资源、预防和治理水土流失的义务，包含以下内容：一是保护水土资源，预防水土流失是全社会的共同义务。水土资源为全民所有、全社会共享，是当代受益、子孙后代永续利用的资源。因此，保持水土、防止流失，人人有责。二是全社会都有治理水土流失的义务。三是对于使用土地上的水土流失，土地使用单位和个人有义务采取预防和治理措施，使水土流失得到有效治理。四是从事可能引起水土流失的生产建设活动的单位和个人，对生产建设过程中可能造成的水土流失，有义务采取预防措施；对已经造成的水土流失要采取治理措施。

第三，任何单位和个人都有权对破坏水土资源、造成水土流失的行为进行举报。水土资源是社会的公共财富，任何单位和个人，只要发现破坏水土资源和造成水土流失的行为，无论是否直接影响了自身利益，都有权利向有关部门进行举

河南省水利厅在郑州市紫荆山公园发放水土保持法宣传资料

报。各级水行政主管部门或负责水土保持工作的机构要为举报创造条件，要制定相应的举报处理工作制度，及时向举报人反馈所举报问题的核实和处理结果。同时，水行政主管部门要切实保护举报人的合法权益。

九、国家鼓励和支持社会力量参与水土保持工作

水土保持法第九条："国家鼓励和支持社会力量参与水土保持工作。对水土保持工作中成绩显著的单位和个人，由县级以上人民政府给予表彰和奖励。"规定了国家鼓励和支持社会力量参与水土保持工作。

第一，本条规定第一层含义包括两个方面内容：一是水土流失预防和治理需要全社会的广泛参与。二是各级政府及有关部门要制定资金、税收、信贷、技术服务和权益保护等相关政策措施，鼓励和支持社会力量积极主动地保护水土资源，按照水土保持法要求，预防和治理水土流失。各级政府要保护参与治理的单位和个人从治理成果中取得合法收益，保障其合法权益不受侵害。

第二，县级以上人民政府应当表彰和奖励水土保持工作中成绩显著的单位和个人，其含义：一是规定了表彰奖励的主体是县级以上人民政府，包括以人民政府的名义表彰，以人事或干部主管部门的名义表彰和以水行政主管部门的名义表彰等。二是规定表彰奖励的对象是水土保持成绩显著的单位和个人。单位可以是企业、事业单位，各级政府的组成部门，也可以是其他非政府组织等；个人可以是中国公民，也可以是外国人。表彰的对象还可以是生产建设项目和水土保持综合防治工程。三是规定表彰奖励的范围包括水土保持工作的各个方面。四是表彰奖励的方式方法。包括精神和物质两个方面的奖励，可以采取一种形式，也可以同时采取两种形式。

第三节　水土保持从我做起

一、党员领导干部与水土保持

党员领导干部应该积极践行习近平生态文明思想，强化水土保持意识。建设生态文明是中华民族永续发展的千年大计，是我国统筹推进"五位一体"总体部

局的重要一位。水土保持是生态文明建设的重要组成部分，作为党员领导干部，要提高政治站位，积极贯彻中央总体部署，坚持绿色发展理念，自觉投入到水土流失治理中去，为建设生态文明、美丽中国作出应有的贡献。

搞好水土保持工作是水土保持法对各级政府和党员领导干部的基本要求。水土保持法从水土保持规划、水土流失预防、水土流失治理、人为水土流失监管、水土保持监测、水土保持科研、水土保持宣传、动员社会力量参与水土保持等方面对政府提出了要求、责任和任务，县级以上各级人民政府是实施水土保持的主体，而作为代表政府履行职责的党员领导干部责无旁贷地应该搞好水土保持工作。党政主要领导干部负有全面领导责任，分管党政领导干部具有直接领导责任，水行政主管部门党员领导干部负有具体领导责任，相关主管部门党员领导干部负有配合义务和责任，其他政府部门、任何单位和个人都有责任和义务防治水土流失。

周口市水土保持国策宣传教育进党校

二、社会公众与水土保持

保护水土资源，人人有责。水土保持法第八条："任何单位和个人都有保护水土资源、预防和治理水土流失的义务，并有权对破坏水土资源、造成水土流失的行为进行举报。"对单位和个人水土流失防治义务及监督举报权利作出了明确规定。地球是人类共同的家园，水土资源是我们赖以生存的根基。任何单位和个人无论是否从事水土保持工作，无论是生活在乡村或城市、山区或平原，无论是否在有无水土流失的土地上从事生产活动，无论是否从事生产建设项目，都必须珍惜和爱护水土资源，预防和治理水土流失。

提高社会公众的水土保持意识对于做好水土保持工作意义重大。只有让广大人民群众充分认识水土流失、生态恶化对自己生产生活的重大危害，不断增强其水土流失的危机感和水土保持的责任感，才能使其从"要我治""要我管"变成"我要治""我要管"，由被

孟津水土保持科普宣传

动变为主动。通过各种媒体，开展水土保持宣传教育是提高全社会水土保持意识的重要手段。

我国水土流失量大面广需要全社会参与。根据2018年全国水土流失动态监测成果，全国仍有水土流失面积273.69万平方公里，占国土面积（不含港澳台）28.6%，中度以上侵蚀面积仍占水土流失总面积近40%。河南省尚有2.03万平方公里水土流失面积亟待治理。因此，预防和治理水土流失必须举全社会之力，坚持不懈地开展下去，方能不断取得成效。

加强水土保持宣传有助于社会公众参与水土流失防治。一方面要向社会公众宣传水土流失的严重性、危害性和搞好水土保持的重要性、迫切性；另一方面要向社会公众普及水土保持知识，使他们了解水土保持工作，提高水土保持素质，强化水土保持理念，掌握水土保持实用技术，更好地参与到水土流失预防和治理中。

三、生产建设项目与水土保持

做好水土保持工作是水土保持法对生产建设项目法人的法律要求。水土保持法规定了任何单位和个人都有保护水土资源、预防和治理水土流失的义务。作为防治水土流失的直接责任者更应该遵守水土保持法，义不容辞地做好生产建设项目的水土保持工作。水土保持法对开办生产建设项目从立项、设计、施工、验收、运行管理等各个环节都作出了明确规定，作为生产建设项目法人或个人，必须认真学习水土保持法，了解有关规定，熟悉有关条款的具体含义，严格执行水土保持法对生产建设项目水土流失防治作出的各项规定，做到开发利用必须做好保护，项目开发必须搞好水土保持，生产发展必须绿色环保。

生产建设项目法人增强水土保持意识是建设生态文明、美丽中国的基本要求。党的十八大以来，中央统筹推进经济建设、政治建设、文化建设、社会建设、生态文明建设"五位一体"总体布局，协调推进全面建成小康社会、全面深化改革、全面依法治国、全面从严治党"四个全面"战略布局，党的十九大提出要加快生态文明体制改革、建设美丽中国，形成了习近平新时代中国特色社会主义思想和生态文明思想，强调推进绿色发展，加大生态系统保护力度。作为生产建设项目法人既是国家现代化建设的参与者、贡献者，更是美丽中国的建设者和维护者，做好生产建设项目的水土流失防治就是最直接、最有效的体现。

第四节　河南省水土保持生态文明工程

党的十八大作出了加快生态文明建设的重大决策部署，明确了建设美丽中国的宏伟目标，对新时期水土保持工作提出了更高的要求。水土保持生态文明工程创建是水利部门贯彻习近平生态文明思想，落实党中央、国务院关于加快生态文明建设重要部署，发挥先进典型示范带动作用，引导社会关注、参与水土保持的重要措施。近年来，河南省大力开展水土保持生态文明工程创建工作，取得了良好效果。

一、国家水土保持生态文明市（县）

水土保持生态文明市（县）是指各地在贯彻落实水土保持法，有效防治水土流失方面具有显著引导带动作用，水土保持生态、经济和社会效益显著的水土流失综合防治市（县）。截至 2018 年底，河南省共创建洛阳市、济源市、义马市、新县、西峡县 5 个国家水土保持生态文明市（县）。

1. 洛阳国家水土保持生态文明市

洛阳市地跨黄河、淮河、长江三大流域，水土保持类型区分为黄土丘陵沟壑区第三副区、土石山区、黄土阶地区和冲积平原区。由于洛阳山丘区面积大，地形地貌复杂，因此历史上水土流失严重，全市原有水土流失面积 1.04 万平方公里，占全市总面积的 68.7%。严重的水土流失曾导致土地贫瘠、农业低产、生态环境恶化，群众的生产发展和生活改善受到严重制约和影响。洛阳市历届市委、市政府高度重视水土保持生态建设工作，按照"文化为魂、水系为韵、牡丹为媒、生态宜居"的城市定位，将水土保持生态建设纳入国民经济和社会发展规划，并列入重要议事议程和各级政府考核目标，坚持不懈，取得了显著的生态效益、经济效益和社会效益。新中国成立以来，洛阳市的水土保持工作由零星分散到组织示范并逐步走向全面开展，由单项措施到小流域综合治理，由单纯防护性治理到治理开发相结合，生态效益、经济效益、社会效益协调并重，累计治理水土流失面

洛阳市水土保持生态文明建设

积6200平方公里。2012年11月,洛阳市被水利部评为国家水土保持生态文明城市。

2. 济源国家水土保持生态文明县（市）

济源因济水发源地而得名,位于豫西北、晋东南交会处,是愚公移山故事的发祥地。境内河流众多,皆属黄河水系,沁河、蟒河等20余条支流自北向南直接入黄。全市原有水土流失面积1515平方公里,占总面积的78.4%。新中国成立以来,全市人民发扬"愚公移山"精神,始终把水土流失治理作为全市水利建设工作的重中之重,持续开展大规模的水土保持综合治理工作。截至2017年底,水土流失治理保存面积950平方公里。2001年,济源市被水利部确定为全国第二批城市水土保持建设试点,市委、市政府高度重视,抓住机遇,采取切实有效措施,开展创建工作,把创建全国水土保持示范城市与创建全国园林城市、卫生城市、文明城市、双拥模范城市共同列入"五创建"目标。经过多年持续治理,市区绿化覆盖率达到33%,绿地率达28.21%,人均占有公共绿地达到13.8平方米,城市水系绿化率超过80%,成为生态宜居城市。20世纪60年代,济源市被国务院授予"驯服蟒河,万民受益"锦旗,之后相继获得了"中国优秀旅游城市""国家卫生城市""国家园林城市""创建全国文明城市工作先进城市""中国人居环境范例奖""全国水土保持示范城市""中国最具有投资价值城市"等荣誉。2012年7月,济源市被水利部评为国家水土保持生态文明县（市）。

济源市水土保持生态文明建设

3. 西峡国家水土保持生态文明综合治理工程县

西峡县地处河南省南阳市西部、伏牛山腹地、豫鄂陕三省交会地带，是一个"八山一水一分田"的山区县，总面积 3454 平方公里，是南水北调中线工程丹江口水库核心水源涵养区。西峡县紧紧抓住国家实施丹江口库区及上游水土保持工程的重大机遇，把创建国家水土保持生态文明综合治理工程县作为建设高效生态经济示范县的主要抓手，以"生态经济化、经济生态化"为理念，实施山水田林路综合治理，倾力打造生态清洁小流域，探索出了"多元化融资、生态化治理、企业化经营、科学化管理"的水土保持新模式，走出了一条保持水土、涵养水源、生态建设与经济发展互促并进的新路子。西峡县禁垦坡度以上的坡耕地全部采取了水土保持措施，陡坡开荒得到全面禁止，同时坚持水土保持进机关、进社区、进学校、进企业，营造出保护水土资源、改善生态环境、促进生态文明的良好氛围。目前，西峡县森林覆盖率达 76.8%，水土流失综合治理程度达 71.9%。西峡先后被授予"全国水土保持生态环境建设示范县""全国农田水利基本建设示范县""全国水土保持先进集体""全国国土绿化突出贡献单位"等荣誉称号。2014 年，西峡县被水利部评为国家水土保持生态文明综合治理工程县。

西峡县黑虎庙小流域经济林建设

二、水土保持生态清洁小流域

为适应经济社会发展对水土保持生态建设的新要求，满足人民群众对良好人居环境和清洁水源的迫切需要，水利部从 2006 年起在全国开展生态清洁小流域试点工程建设。2011 年初，《中共中央国务院关于加快水利改革发展的决定》明确提出，将"实施农村河道综合整治，大力开展生态清洁型小流域建设"作为搞好我国水土保持和水环境保护的一项重要措施。河南省勇于实践，积极探索，建成了以信阳市平桥区郝堂生态清洁小流域、驻马店市确山县老乐山生态清洁小流域、三门峡市渑池县柳庄生态清洁小流域为代表的国家水土保持生态文明清洁小流域和 25 条省级水土保持生态清洁小流域。

1. 平桥区郝堂水土保持生态清洁小流域

郝堂村位于河南省信阳市平桥区五里店镇东南部，大别山向淮河平原过渡地带，面积约 16 平方公里，离平桥中心城区 14.5 公里。治理前村中每家自建有旱厕和化粪池，村民习惯于把生活污水和垃圾倒入河道，既严重污染河流又堵塞河道，污水直接排入周边池塘和荒地，严重影响了村民的饮用水安全和基本农田灌溉。同时，村民大量砍伐树木作为主要燃料，导致人为水土流失严重。2011 年以后，郝堂村大力开展水土保持生态清洁小流域建设，坚持打造"惠民工程、健民工程、富民工程"，科学规划，准确定位，紧密结合美丽乡村建设，筑牢三道防线，强化面源污染防治和垃圾、污水无害化处理，通过实施坡耕地改造、水土保持林、塘堰整治等水保工程，形成了完善的防控体系，取得了流域景观优美、自然和谐、卫生清洁、人居舒适的良好效果，显著促进了宜居和美丽乡村建设。流域内水土流失综合治理程度达到 92%，林草覆盖率提高到 85%，土壤侵蚀量减少 75%；面源污染得到有效控制，村庄内生活垃圾无害化处理率达 85%，生活污水处理率达88%，小流域出口水质达到Ⅲ类水以上标准。流域内水土流失得到控制，生态环境得到极大改善，每年吸引游客 10 余万人次前来采摘、游玩，推动了区域经济增长。郝堂村被《人民日报》称为"画家画出来的村庄"。2013 年，郝堂村被国家住房和城乡建设部授予全国第一批"美丽宜居村庄示范"称号；2014 年，郝堂小流域被水利部评为国家水土保持生态文明清洁小流域建设工程。

郝堂水土保持生态清洁小流域

2. 渑池县柳庄水土保持生态清洁小流域

柳庄小流域位于渑池县东北部，流域内有仁村乡红花窝、杨河和洪阳镇柳庄 3 个行政村，总面积 42.19 平方公里。治理前流域内荒山面积占总面积的 40.63%，坡耕地面积占总面积的 12.38%，年土壤侵蚀量达 3850 吨 / 平方公里。开展生态清洁小流域建设以来，当地充分开发大面积荒山资源，大力培育以核桃、樱桃、石榴为主的经果林产业，形成了以名优果品生产为主、以粮食生产为辅的高附加值农业发展格局，年产值超过 3400 万元，促进了流域经济大发展。河道治理改变了过去"脏、乱、差"的旧面貌，呈现出"河畅、水清、岸绿、景美"的新景象。清洁工程有效地改善了村容村貌，流域治理程度达到 90%，清澈的畛河穿村而过，春华秋实、夏雨冬雪点缀四季，改善了自然和人居环境。治理后的柳庄小流域环境优美、景色宜人，吸引了大批游客前来观光旅游，2016 年，柳庄小流域共接待游客 56 万人次，实现旅游收入 600 余万元。通过发展观光旅游、乡村农家乐、生态采摘园等，柳庄村已实现整村脱贫，杨河、红花窝村贫困户基本达到脱贫标准。通过治理，柳庄小流域打造了以清洁、观光为主的发展模式，开创了生态和经济协调发展、治理与脱贫共赢的良好局面。2016 年，柳庄小流域被水利部评为国家水土保持生态文明清洁小流域建设工程。

柳庄水土保持生态清洁小流域

3. 遂平县嵖岈山石板河水土保持生态清洁小流域

嵖岈山石板河小流域位于河南省驻马店市遂平县境内，地处亚热带向暖温带的过渡带和南北动植物的交会带，小流域面积 50 平方公里，动植物资源极其丰富，森林覆盖率达 79%。嵖岈山石板河小流域综合治理不断适应新的形势和要求，开

嵖岈山石板河水土保持生态清洁小流域

展了封山育林、退耕还林、植树造林、"三荒"治理等工作，制止了在景区挖石、取土、滥伐树木、非法狩猎等活动，完善了垃圾处理系统、雨污分流管网和污水处理系统。经过治理，嵖岈山石板河小流域水土流失治理度达到85%，林草保存面积占宜林宜草面积的95%以上，区域内坡耕地得到基本治理，水土流失强度降到轻度以下，流域内的村容村貌也得到了明显改善，景观优美，自然和谐，卫生清洁，具有生态观光、生态农业、生态宜居的综合功能，绿水青山变成了金山银山，当地群众既能享受到田园风光，也增加了收入。2016年，石板河小流域被评为河南省水土保持生态文明清洁小流域建设工程。

三、水土保持科技示范园

2004年以来，水利部在全国启动了水土保持科技示范园区创建工作。河南省狠抓落实，创新工作，大力推进水土保持科技示范园创建，走出了一条具有自身特色的发展路子，创建了以孟津县水土保持科技示范园为代表的12个国家水土保持科技示范园区和41个省级水土保持科技示范园区。

水土保持科技示范园区将各类水土保持措施，包括预防保护、综合治理、产业开发、监测、宣传、科普、科研、推广等集中起来进行展示，发挥了示范引领、宣传教育、科学普及、技术推广、科研试验、休闲观光等多种功能和效应，搭建了水土保持联结社会公众的桥梁，为宣传水土保持生态文明理念、开展自然生态体验提供了户外教室和实践基地，受到社会各界广泛好评。

1.孟津县水土保持科技示范园

孟津县水土保持科技示范园坐落于洛阳市孟津县城中心部位，南距洛阳市14公里，毗邻著名的小浪底水利枢纽和西霞院调控工程，距连霍高速公路洛阳出口仅5公里，交通十分便利。园区占地面积80公顷，于2000年3月开始建设，2002年8月正式投入运营。园区建设探索出一条城郊型水土保持与城市建设相结合的治理模式，逐步形成以水土保持科普教育为主、以水土保持科学研究为辅的发展模式。在运行和管理中，以"水土保持科技示范和技术推广"为主导，以"治理水土、美化环境、打造生态宜居环境和弘扬科普文化"为载体，积极开展水土保持科技示范、推广和科普教育活动。园区已成为水土保持人员、广大学生和各界群众参观学习水土保持技术和开展水土保持教育的实践场所和户外教室，每年接待学校学生社会实践活动达万余人次，已初步形成具有"园林外貌、水保内涵"的综合园区，具备了

小学生在园区参加水土保持科普教育活动

融治理示范、科技推广、科普教育、休闲观光为一体的多种功能。2007年，被水利部评为全国首批25个水土保持科技示范园区之一，2011年又被教育部、水利部评为"全国中小学水土保持教育社会实践基地"。

2. 陕州区二仙坡水土保持科技示范园

二仙坡水土保持科技示范园位于河南省三门峡市陕州区大营镇寺古洼村境内，为黄河淄阳河一级支流寺古洼流域，属黄土阶地类型区，距三门峡市区30公里。园区建设初期植被覆盖率不到10%，流域沟壑纵横，水土流失十分严重。2000年

二仙坡水土保持科技示范园

以来，民营企业承包 183 公顷土地进行"四荒"开发，保护生态环境，防治水土流失。经过多年建设，园区的坡耕地全部得到改造，林草覆盖率达 85% 以上，配合各项小型拦蓄工程形成了综合防御体系，水土流失得到有效控制，水土资源得到充分保护和利用，从根本上改善了园区生态坏境。同时，利用园区特殊的气候条件，大力发展特色水土保持经济林果产业，园区内生产的"二仙坡"苹果被认定为中国驰名商标。二仙坡水土保持科技示范园已成为融水土保持科学技术示范、名优果品种植与推广、科普宣传教育为一体的示范园区，2011 年被水利部评为国家水土保持科技示范园区。

3. 平桥区永祥林果水土保持科技示范园

信阳市平桥区永祥林果水土保持科技示范园位于信阳市平桥区胡店乡龙岗村，占地 133 公顷，距信阳市城区 27 公里。园区属于豫南地区丘陵垄岗地形，沟壑纵横，地形破碎，具有典型的豫南地区水土流失特征。示范园开展了退耕还林还草、修建水坝护堤、修建水平梯田和沟道排灌系统等水土保持项目建设，打造了以石榴为主要农产品的产业示范基地，使以前的荒山荒坡变成了生机盎然的林草地和果园，让群众看到了实实在在的变化，得到了实实在在的利益，从而提升了园区

永祥林果水土保持科技示范园

群众对水土保持重要性的认识,增强了群众参与水土保持建设的积极性和自觉性,改变了过去不重视水土保持、乱采滥挖的现象,有效防止了新增人为水土流失。现在,以前的乱石滩、烂水沟变成了风景秀丽的好田园、美乡村,吸引了大批游客前来休闲观光。京广高铁从园区穿过,园区优美的生态成为高铁进入信阳境内的一道亮丽风景线。2012 年,永祥林果水土保持科技示范园被水利部评为国家水土保持科技示范园区。

四、水土保持示范村

水土保持示范村,是通过对山、水、田、林、路包括村容村貌进行综合整治,水土流失得到有效控制,达到环境优美、村容整洁、防控体系完善、运行管理规范、防治效益突出、示范作用明显的行政村。2017 年以来,河南省水利厅开展了水土保持生态村建设,先后涌现出以新密市田种湾村等 9 个村为代表的水土保持示范村,为乡村水土流失治理作出了示范。

1. 新密市田种湾村

田种湾村位于河南省新密市西北部,总面积 6.7 平方公里,属国家级水土保持重点治理区,原有水土流失面积达 5.32 平方公里。田种湾村群众积极参与水土

新密市田种湾水土保持示范村

保持生态建设，30多年来先后修建了落鹤涧骨干坝、洪泉坝等坝系工程和蓄水池，砌筑了排洪渠，在山坡种植以侧柏、火炬树等为主的水保林，建成了完善的水土保持综合防护体系。水保工程采用当地红砂岩作为建筑材料，具有原始、质朴的美感，与周边景色融为一体，既具有水保功能，也取得了发展当地特色旅游的景观效果。目前，该村水土流失治理度达到73%。同时，村庄生活垃圾、生活污水实行集中处理，村庄主要河流氾水河出口水质达到Ⅲ类标准以上。依托村内的中原豫西抗日纪念园和治理后优美的生态环境，田种湾村逐步成为以红色旅游、田园风光、休闲度假为亮点的山区风情特色村。

2. 湖滨区东坡村

东坡村位于河南省三门峡市区东北部，隶属湖滨区会兴街道办，沿黄旅游公路穿村而过，全村总面积9.3平方公里，原有水土流失面积6.44平方公里。在区水利局和会兴街道办的大力支持下，东坡村的干部群众下定决心，近十几年来，每年利用冬春有利时机，在荒山荒沟中栽植侧柏、刺槐等适应性强、耐寒、耐旱的树种，取得了较好的效果。2017年，东坡村对46.67公顷坡耕地进行了梯田改造，种植车厘子树13.33公顷，生态效益、经济效益良好，受到群众欢迎。在生态治

湖滨区东坡村水土保持示范村坡改梯工程

理的同时，东坡村大力发展绿色农业，开展村容村貌整治工作，落实管护措施，使昔日贫穷落后的小山村变成了今日天蓝、地绿、水净、和谐、宜居、增收的美丽乡村。

3. 辉县市新庄村

新庄村位于辉县市西北部太行山腹地沙窑乡境内，总面积 15 平方公里。境内林木茂密，藤草遍布，有百年以上的古柏树、古榆树、古柿树，还有山楂、山桃、核桃、黄栌等混交林，并建设有水库 1 座、池塘 1 处、拦水坝 1 座、蓄水池 2 个、桥梁 2 座。针对村内坡耕地较多、水土流失严重的特点，新庄村从保护和改善生态环境出发，多次组织党员干部挨家挨户做工作，鼓励群众结合退耕还林工程发展经济林果产业。同时，宣传土地流转政策，大力招商引资，发展生态农业和观光农业。目前，全村已经流转山坡土地 66.67 公顷，种植核桃、山楂、冬桃等经济林果，取得了良好的生态效益和经济效益。随着植被的恢复和生长，小流域内植物群落正从单一化向多种群、多层次结构演替，生态效益日益显著。此外，通过修建垃圾池和清退养殖户，使流域内面源污染得到明显控制，全村水土流失综合治理程度达到 70% 以上，生活垃圾集中处理率达 80% 以上，污水处理率达

辉县新庄村水土保持封育治理效果

80%以上，小流域出口水质得到逐步净化，基本达到Ⅲ类水标准。新庄村将水土保持生态建设和乡村旅游相结合，山、水、田、林、路、村综合治理，先后实施了道路硬化、村庄绿化、卫生洁化、河道净化等乡村美化工程，"治山治水治污"同步进行，村基础设施日益完善，人居环境不断优化，村容村貌焕然一新。

五、生产建设项目国家水土保持生态文明工程

河南省生产建设项目按照生态文明的理念，积极开展水土保持工作，燕山水库、河口村水库先后被水利部评为生产建设项目国家水土保持生态文明工程。

1. 燕山水库水土保持生态文明工程

燕山水库位于淮河流域沙颍河主要支流澧河上游干江河上，是国务院确定的重点治淮骨干工程之一，其任务是以防洪为主，结合供水、灌溉，兼顾发电等综合利用。燕山水库工程建设严格规范落实水土保持"三同时"制度，认真履行水土流失防治义务，积极应用新技术，在输水洞进出口边坡防护上采用了先进的"TBS"植被混凝土护坡方法替代原设计的喷混凝土护坡，在溢洪道右岸岩石边坡防护上采用"三维排水柔性生态边坡工程技术"进行防护，在溢洪道尾水渠左右岸黏土质砂砾岩边坡采用土工格栅及三维网植生带复合生态水土保持新工艺、

燕山水库水土保持生态文明工程

新技术，减少地面扰动，加快植被恢复。通过采取一系列防治措施，工程项目建设区水土流失得到有效控制。燕山水库按照生态文明治水理念和"创生态品牌、建文明燕山、树河南典范"的建设目标，做到了库区岸边草木葱郁，各建筑物在外形、色彩上和水库周边的青山、绿树、碧水、蓝天融为一体，达到了人水和谐、工程建筑和自然环境和谐的生态效果，也成为当地青年男女婚纱摄影的外景基地和休闲旅游度假胜地。2012年，燕山水库被水利部评为生产建设项目国家水土保持生态文明工程。

2. 河口村水库水土保持生态文明工程

河口村水库位于济源克井镇，是黄河下游防洪体系的重要组成部分。水库坝址区谷坡覆盖层较薄，大部分基岩裸露，水土保持和治理难度较大。在工程建设中，采取永久措施与临时措施相结合的施工方式，一方面最大限度地控制对地表植被的破坏，预防和减少水土流失，另一方面对裸露边坡采取浆砌石护坡、网格梁护坡、植生袋护坡、草皮护坡等方法，防治水土流失，改善区域生态环境。同时，按照生态文明和水土保持理念，对弃渣场、石料场、加工厂、临时生产生活营地进行生态恢复，融入景观设计理念，将坝后压戗区和临时堆料场区按照景观园林设计，

河口村水库水土保持生态文明工程

按季节分片区栽植花卉草木，实现了三季有花、四季常青，将河口村水库打造成了沁龙峡水利风景区。建成后的河口村水库，水面碧波荡漾，周围山坡郁郁葱葱，有"高峡出平湖"的壮观美景，除了发挥防洪作用，还兼顾供水、灌溉、发电等综合利用，实现了水库工程与周边自然环境的和谐统一，为美丽中原再添一颗明珠。2017 年，河口村水库被水利部评为生产建设项目国家水土保持生态文明工程。